Marc Klapczynski

Il est né en 1964 à Saint-Avold, en Lorraine, dans une famille de mineurs. Diplômé de philosophie, il a exercé plusieurs métiers avant de devenir écrivain. Dès parution, les diverses éditions de son roman, *Ao, l'homme ancien*, ont suscité l'intérêt d'un large public. Traduit en plusieurs langues, il a été adapté au cinéma sous le titre *Ao, le dernier Neandertal* (production UGC) par Jacques Malaterre, réalisateur des docu-fictions *L'Odyssée de l'espèce*, *Homo sapiens* et *Le Sacre de l'homme*.

Après *Le Pouvoir d'Iktia*, Marc Klapczynski publie *Tsinaka, l'œil de la toundra*, dernier volet de la trilogie « L'Odyssée du dernier Neandertal ». Avec cette grande fresque préhistorique, il nous propose un fabuleux voyage dans l'Europe d'il y a 30 000 ans, en compagnie des derniers Néandertaliens. Plusieurs millénaires ont passé depuis l'arrivée de Cro-Magnon. Après avoir régné sans partage sur l'Europe pendant près de 200 000 ans, Neandertal, le premier chasseur de la toundra, est sur le déclin. À travers les aventures d'Ao, d'Iktia et de Tsinaka, Marc Klapczynski a imaginé la rencontre entre ces deux humanités, dans le contexte mystérieux de la disparition de cet homme aux traits encore archaïques mais capable de compassion et de spiritualité. De rencontres extraordinaires en chasses spectaculaires, une formidable épopée préhistorique, portée par le souffle de la toundra.

www.ao-neandertal.fr

Debray

AO,
L'HOMME ANCIEN

L'Odyssée
du dernier Neandertal

MARC KLAPCZYNSKI

AO, L'HOMME ANCIEN

L'Odyssée du dernier Neandertal

Préface inédite

AUBÉRON

Le papier de cet ouvrage est composé de fibres naturelles, renouvelables, recyclables et fabriquées à partir de bois provenant de forêts plantées et cultivées durablement pour la fabrication du papier.

ISBN : 978-2-84498-151-6

Je dédie ce roman à Monsieur Aloïs Klapczynski,
mon père, dont la bienveillance
et le courage ne cesseront jamais de m'inspirer.

PRÉFACE

Cette histoire s'est peut-être passée il y a plus de trente mille ans, sur le territoire de l'Europe actuelle. Le climat est plus rigoureux qu'aujourd'hui. Les hivers sont longs et rudes. La forêt se cantonne dans les vallées abritées ou plus au sud. Le vent et la neige balaient les plaines et les plateaux, où les bisons et les rennes côtoient les mammouths et les rhinocéros laineux. Des hommes, déjà semblables à nous, originaires d'Afrique, ont lentement migré vers le nord en remontant par le Moyen-Orient, et certains se sont implantés dans ces régions froides mais giboyeuses. En relativement peu de temps, ils ont développé un savoir-faire qui leur a permis de se maintenir dans cet environnement hostile.

Pourtant ils ne sont pas les premiers à avoir conquis la toundra. Près de deux cent mille ans auparavant, un être humain différent, d'apparence plus primitive, profitait d'un réchauffement climatique pour s'implanter en Europe. Lorsque le grand gel s'abattit à nouveau sur ces contrées, pour la première fois dans l'histoire de l'humanité, encouragé par l'abondance du gibier, un homme relevait le défi et parvenait à s'adapter à la rigueur du climat. Cet homme a été nommé « l'homme de Neandertal » en référence à une petite vallée en Allemagne où ont été découverts un fragment de crâne et quelques ossements en 1856.

Il y a plus de 400 000 ans, l'espèce humaine s'est séparée en deux lignées. L'une a donné naissance à l'homme de Neandertal en Europe il y a environ 200 000 ans, l'autre à nos ancêtres directs, les hommes de Cro-Magnon (homo sapiens), qui sont arrivés en Europe il y a seulement 40 000 ans.

Les dernières traces de l'existence de Neandertal ayant été datées de – 28 000 ans, nous pouvons en déduire que ces deux hommes ont vécu simultanément en Europe pendant plus de 10 000 ans, après s'être déjà longtemps côtoyés au Moyen-Orient.

Des comparaisons récentes entre le génome de plusieurs Néandertaliens et celui d'hommes actuels issus de différents continents montrent que Neandertal nous a transmis entre 1 à 4 % de ses gènes, ce qui signifie que des croisements ont eu lieu entre Neandertal et Cro-Magnon.

Les Néandertaliens sont, en moyenne, un peu plus petits que les hommes de Cro-Magnon, mais plus massifs. La forme de leur squelette et de leurs attaches musculaires indique en effet une très grande force physique. Leurs membres sont un peu plus courts. Ils ont des orbites hautes et arrondies, surmontées d'un épaississement osseux (bourrelet sus-orbital). Le front et le menton sont fuyants avec un nez proéminent, ce qui donne à leur visage un aspect pointu. Leur crâne est légèrement plus volumineux que celui de l'homme de Cro-Magnon, plat et allongé, avec un os occipital (protubérance osseuse à l'arrière du crâne) formant une sorte de chignon. La forme de leur larynx indique qu'ils étaient capables d'utiliser un langage articulé. Leur peau était sans doute plus claire que celle des hommes de Cro-Magnon, originaires d'Afrique. On ignore s'ils étaient velus ou non.

Les hommes de Neandertal étaient d'excellents chasseurs et de très bons tailleurs de pierre. Ce sont eux qui ont essayé le plus de sortes de pierres différentes. Ce sont les premiers à avoir réussi à se maintenir en Europe pendant les périodes froides. Ils étaient donc parfaitement adaptés à un climat rigoureux, semblable à celui que l'on connaît actuellement en Sibérie (semi-arctique).

Opportunistes, ils chassaient différentes espèces d'animaux. Ils consommaient sans doute diverses plantes et plusieurs sortes de baies riches en vitamines, très répandues dans ces régions, et relativement faciles à conserver par séchage, dans la graisse ou congelées.

Les préhistoriens ont été parfois réticents à accorder une complète humanité à cet homme aux traits archaïques. Mais les découvertes qui se sont succédé ces dernières décennies ont mis à mal ce préjugé. Neandertal portait attention aux défunts comme en témoigne la découverte de sépultures. Malgré une existence rude et sans doute précaire, les personnes blessées ou âgées pouvaient être prises en charge. La présence de grandes quantités d'ocre dans certains gisements néandertaliens suggère l'emploi de colorant.

Si les hommes de Neandertal ont pendant longtemps utilisé principalement des éclats de pierre (Moustérien) pour fabriquer leurs armes et outils, ils se sont montrés capables d'innover, notamment après l'arrivée de Cro-Magnon en Europe. Dans certains endroits, ils se sont mis à produire systématiquement des lames, comme le faisaient les hommes de Cro-Magnon (Aurignacien), à diversifier les matériaux utilisés (ivoire, os, bois des cervidés) et à fabriquer des parures avec des anneaux et des dents d'origine animale. Ces techniques originales (Châtelperronien) étaient d'un niveau comparable à celles en usage chez les hommes de Cro-Magnon. Dans le même temps, ailleurs en Europe, d'autres hommes de Neandertal continuaient à recourir à des techniques moins élaborées (type Moustérien).

Ces découvertes ne révèlent bien sûr qu'une facette de la diversité des cultures, de la vie et des réalisations des hommes de cette époque, car elles ne rendent pas compte de l'utilisation de matériaux périssables tels que le bois ou le cuir, des sculptures sur bois, des peintures corporelles ; ni de la pratique du chant, de la danse, des percussions et de toutes sortes de rituels magiques.

Au cours des millénaires qui suivront, le froid va s'intensifier et l'homme de Neandertal disparaître. Nous ignorons toujours la cause de sa disparition mais il est probable qu'elle résulte de la conjonction de différents facteurs.

Outre le refroidissement, on peut imaginer des maladies importées par l'homme de Cro-Magnon ou encore une baisse de la fécondité consécutive au long isolement d'une communauté néandertalienne aux effectifs réduits (quelques dizaines de milliers d'individus répartis sur tout le continent européen).

La concurrence avec l'homme de Cro-Magnon peut aussi être envisagée comme une des causes possibles, mais la longue période de présence simultanée en Europe des deux populations indique pour le moins que la supériorité de l'homme de Cro-Magnon était loin d'être évidente et qu'elle a mis longtemps à s'imposer. Si l'arrivée de l'homme moderne a pu jouer un rôle dans la disparition de Neandertal par le biais de conflits ou de transmission de maladies, rien n'indique qu'il fut prépondérant.

La thèse d'un métissage massif doit être écartée. La dispersion des hommes à l'intérieur de vastes territoires et les différences morphologiques ne plaident pas en faveur d'un rapprochement généralisé entre ces deux humanités. Rien ne permet cependant d'exclure un métissage occasionnel et des échanges localisés, hypothèse confirmée par les analyses génétiques les plus récentes.

L'évolution tardive de certaines communautés néandertaliennes après l'arrivée de l'homme de Cro-Magnon en Europe pourrait donner à penser qu'elles ont évolué à son contact. Mais cette vision restrictive n'est étayée par aucune découverte scientifique, d'autant que les techniques utilisées par les deux « espèces » diffèrent sensiblement. Elle tend à reproduire le préjugé d'un homme de Neandertal désemparé, forcément incapable de rivaliser avec un homme moderne conquérant et novateur.

L'idée selon laquelle les rencontres et les échanges entre les deux populations ont pu contribuer à l'évolution qui caractérise cette période est celle qui a été retenue dans ce roman.

Il semble en effet difficile d'imaginer qu'un homme qui a vécu pendant plus de deux cent mille ans en Europe, affronté deux glaciations, n'ait pas contribué d'une façon ou d'une autre à l'évolution de l'humanité qui s'est amorcée pendant cette période, y compris à l'apparition de l'art pariétal dont les plus anciennes œuvres ont été réalisées alors que l'homme de Neandertal était encore présent en Europe. L'hypothèse selon laquelle la confrontation entre ces deux humanités ait pu en constituer le ressort n'a rien de saugrenu. Malgré la rareté des vestiges de cette époque, elle nous procure la vision d'un monde qui palpite au rythme d'une quête spirituelle dont notre ancêtre direct n'a plus l'apanage : des hommes d'aspect plus archaïque ont aussi participé à cet élan. La survivance de l'homme de Neandertal pendant plusieurs millénaires, plutôt que de la mansuétude des « envahisseurs », atteste de sa capacité à se maintenir dans certaines parties du continent en conservant son territoire de chasse et de cueillette.

Pour autant, il ne s'agit pas de déprécier ou de caricaturer l'homme moderne au bénéfice d'un homme de Neandertal soudainement promu au rang de génie malchanceux. Les scénarios bâtis à partir des quelques indices dont nous disposons pour essayer de nous représenter la vie, les croyances et les pensées des hommes de cette époque lointaine sont forcément emprunts de subjectivité, et nos difficultés à concevoir ce que Claude Lévi-Strauss a nommé « la pensée sauvage », dans toute sa richesse et sa diversité, ne peuvent que nous inciter à la prudence dans nos interprétations.

Quels rapports ont développés ces êtres humains dissemblables dans leur quête incessante d'un même gibier, confrontés aux mêmes exigences de survie, pendant ces milliers d'années de présence simultanée en Europe ?

Il n'y a probablement pas *une* réponse mais *des* réponses, une pour chaque rencontre particulière dont la somme constitue la longue histoire presque inconnue de cette époque, sans doute jalonnée de tragédies, mais pas nécessairement plus violente et moins « humaine » qu'aujourd'hui.

C'est dans ce contexte fascinant que s'inscrit cette odyssée dont *Ao, l'homme ancien* constitue le premier volet. Ce sont des aventures d'un homme dont il est question, un homme confronté à la disparition des siens, qui refuse d'abdiquer et cherche sa place dans un monde qui change. Et il est bien entendu que le langage, les pensées, les mœurs, les rites et la spiritualité des hommes préhistoriques, tels qu'ils sont décrits dans ce roman, sont issus de l'imagination de l'auteur.

M.K.

I

Le chasseur sait qu'il va mourir. Sa blessure est trop grave. Son sang épaissi par le froid s'écoule lentement dans la neige. Malgré tout, son agonie est longue. C'était sa dernière chasse. L'angoisse exacerbe sa souffrance. Pourquoi les esprits des ancêtres ont-ils abandonné le clan ? Il pense à ceux qui restent. La femme et son petit sont condamnés, le vieillard aussi, mais le garçon, Ao, peut vivre encore. Lui n'a pas la nostalgie d'une autre existence. Il a grandi sur ces terres désolées. Il a connu les hivers interminables, enterré sous la pierre et la glace, bercé par les sifflements rageurs du vent et les gémissements des mourants. La faim et le froid ont accompagné chaque jour de sa vie mais, au lieu de l'affaiblir, les privations l'ont endurci. Il retournera vers les anciens territoires de chasse et cherchera ceux des autres clans qui ont survécu, car ici, la vie n'est pas possible pour les hommes.

Le chasseur suit des yeux la bête qui l'a éventré. Blessé à mort, l'animal avance péniblement, laissant derrière lui une piste sanglante. Lui aussi a livré son ultime combat. Sa chair nourrira Ao, le dernier du clan, et son épaisse fourrure le protégera du froid.

Ao et le vieillard ont trouvé le corps gelé du chasseur dont le bras raidi semble indiquer la direction prise par l'ours blessé.

Malgré sa patte brisée, la pointe de l'épieu profondément fichée dans sa chair, et le sang qu'il perd à chaque pas, celui-ci ne s'est pas résigné à mourir. Il peut marcher longtemps encore. Son instinct le pousse à regagner sa tanière. Il n'aurait jamais dû s'aventurer aussi loin de son territoire. Ce sont les tourments de la faim qui l'ont amené à errer jusqu'ici. De mémoire d'ours blanc, c'est la première fois qu'il rencontre une créature qui ose le défier. Il ne comprend pas ce qui lui est arrivé. L'image de cet animal chétif, surgissant devant lui, l'obsède. Il gronde de colère en revivant les péripéties de l'affrontement.

Il revoit l'homme, planté à quelques mètres sur son passage, le provoquer en gesticulant avec ce long bras qui est maintenant enfoncé en lui. Il ne se méfie pas. Il est si sûr de sa force ! Comment pourrait-il imaginer qu'un animal aussi insignifiant soit capable de lui infliger de si terribles blessures ? Il bondit en avant, pressé d'en finir et d'apaiser sa faim. Mais l'autre ne bouge pas. Arc-bouté au sol, son épieu solidement calé entre ses pieds, son gourdin à portée de main, il attend la charge. Lorsque l'énorme bête arrive sur lui, il dirige brusquement son arme vers la région du cœur. Emporté par son élan et sa fureur, l'ours vient s'empaler sur la pointe durcie de l'épieu. Le souffle coupé, affolé par la douleur qui le submerge, l'animal titube et recule d'un pas. Incrédule, il voit le frêle bipède se ruer sur lui. La lourde massue s'abat sur son genou. Le craquement des os résonne encore dans sa cervelle.

Mais pour porter ce coup, l'homme s'est approché trop près, à portée des griffes acérées. Il recule précipitamment, mais trop tard. Incapable de se maintenir debout, l'ours se laisse choir vers l'avant, balayant l'air de ses bras. L'homme ne peut éviter le coup mortel qui le projette à plusieurs mètres de là, le ventre déchiré.

L'ours hésite. Il sent ses forces décliner. En heurtant le sol gelé avant de se briser, l'épieu s'est enfoncé encore un peu plus dans sa poitrine. Chaque inspiration avive ses souffrances. Le chasseur s'est redressé et lui fait face, une main plaquée sur son ventre ensanglanté. Il n'a plus d'arme mais l'ours l'ignore. Il a fait l'expérience de la peur. Il renonce à cette proie et s'en va.

Le soleil a presque achevé sa course depuis l'affrontement. Il continue pourtant d'avancer, malgré les litres de sang qu'il a perdus et cette douleur atroce qui accompagne le moindre de ses gestes. L'ours a compris que, désormais, c'était lui la proie.

Au milieu du jour, il les a vus, pareils à celui qui l'a si cruellement meurtri. Depuis, ils n'ont plus lâché sa trace et gagnent du terrain. Il n'atteindra jamais sa tanière. Sa vue se brouille. Ses membres ne lui obéissent plus. Il s'effondre. Lorsque les deux hommes le rejoignent, il est déjà mort.

Le vieillard est exténué. Cela fait près de cinquante hivers que son cœur bat dans sa poitrine et il n'a pas démérité. Il ne craint pas cette fin qui s'annonce comme celle de tous les maux qui l'accablent. Il ne veut plus connaître les affres de la faim, l'implacable morsure du gel, ni ce désespoir qui l'étreint, celui d'un homme qui a vu mourir presque tous les siens, spectateur impuissant de l'anéantissement de son clan. Il aurait fallu rester là-bas, ne pas céder la place !

Un grognement de colère s'échappe de sa gorge. Ses lèvres se plissent dans un rictus de haine. Étaient-ils seulement des hommes ? Leurs yeux saillaient sur leurs faces plates et des sons étranges sortaient de leurs bouches. Ils n'étaient pas aussi forts que les chasseurs du clan mais ils les dominaient de leur haute stature prolongée par le plumage des oiseaux, parfois la crinière ou la queue d'un cheval, plus rarement la ramure d'un jeune renne. Ils savaient marier le bois et la pierre pour fabriquer les fines sagaies dont les pointes acérées transperçaient le cuir le plus épais. Guidées par le souffle des esprits belliqueux auxquels ils étaient apparentés, elles traversaient l'air en vibrant et ne manquaient pas souvent leurs cibles.

Certains chasseurs du clan disaient que les esprits des animaux, autrefois favorables aux anciens hommes, s'étaient détournés d'eux.

Le vieil homme se souvient des jours qu'il a passés à les observer, tapi dans les rochers, sur le versant opposé à celui où ils avaient installé leur camp, à l'extrémité de cette vallée que les siens occupaient avant eux.

Ils vivaient dans des abris construits avec des pieux, des branches et des os de mammouth, ou de grands animaux, recouverts de peaux assemblées les unes aux autres. Leurs enfants étaient nombreux. Pourtant, ils ne manquaient pas de nourriture. Les chasseurs ne revenaient jamais bredouilles. Ils savaient piéger les petits animaux des bois, et leur habileté à la chasse aux grands herbivores de la toundra égalait celle des anciens hommes dont ils accaparaient désormais les territoires de chasse. Le vieux chasseur avait assisté à quelques-unes des nombreuses cérémonies qui rythmaient la vie et la mort de ces hommes étranges. Si les implications précises des comportements adoptés à ces occasions par les uns et les autres lui échappaient, il ne doutait plus de leur connivence avec des esprits puissants.

Moins nombreux, harcelés, victimes d'embuscades meurtrières, après avoir longtemps résisté en rendant coup pour coup, les anciens hommes s'étaient résignés à abandonner le territoire de chasse de leurs ancêtres. Réduit à une poignée de survivants, le clan s'était aventuré loin à l'intérieur de la grande plaine, dans la direction d'où vient le vent froid.

Au cours de cette migration vers le nord, des rescapés d'autres groupes victimes des mêmes exactions, errant dans la toundra, s'étaient joints à eux. Il y avait plus de femmes et d'enfants que d'hommes, car la plupart avaient été tués, les rares chasseurs survivants s'épuisant à tenter de nourrir ces bandes affamées.

Le garçon qui s'affaire à côté de lui dans la neige sera le dernier d'entre eux. La femme et le bébé, laissés en arrière, à l'abri dans un trou sous les rochers, sont déjà morts. La femme n'avait plus de lait pour nourrir l'enfant. Son corps, affaibli par le manque de nourriture, n'a pu résister bien longtemps au froid glacial. Il ne restera que lui, Ao, qui signifie simplement « homme », celui qui n'a même pas encore de nom !

Il faut qu'il retourne vers leurs anciens territoires. Seul, il parviendra plus facilement à échapper aux hommes oiseaux. Mais un être humain peut-il vivre seul ?

Le vieillard observe le garçon. C'est un bon chasseur, le plus habile lanceur de bolas du clan. Malgré son jeune âge, Ao est plus fort et plus endurant que le plus vigoureux de ces emplumés. Pourquoi les anciens hommes devraient-ils leur laisser la place ?… Il ne sait pas.

L'odeur du sang frais flatte l'odorat du chasseur et le distrait de ses pensées. Ao vient de sectionner l'artère jugulaire de l'ours. Le sang l'éclabousse, maculant son visage. Avec un grognement de plaisir, il boit goulûment le précieux liquide encore chaud. Malgré la torpeur qui le gagne, le vieillard se traîne jusqu'à la carcasse et lèche quelques gouttes. Mais il refuse le morceau de chair que lui tend le garçon. À quoi bon nourrir ce corps que la vie va quitter ! D'ailleurs, il n'aurait pas la force de mâcher la viande coriace de l'ours.

— Il faut maintenant dépecer la bête avant que le gel ne la saisisse, indique le chasseur à son jeune compagnon.

Celui-ci n'a que peu d'outils à sa disposition mais fait preuve d'une grande dextérité. Il a l'habitude de cette course contre le froid. L'animal est très grand et il doit poursuivre sa besogne bien après la tombée de la nuit pour la mener à son terme.

Le vieux ne bouge plus. Pourtant il vit toujours, protégé par les peaux usées que le garçon a étendues sur lui. Il veut tenir encore un moment, offrir le peu de chaleur qui lui reste à son congénère. Avec ses mains, Ao creuse un trou dans la neige fraîche, sous la grande carcasse de l'ours, jusqu'à la terre gelée. Il dispose une vieille fourrure au fond et tire son compagnon à l'intérieur, avant de s'emmitoufler avec lui dans la peau poisseuse de l'ours. Il ne tarde pas à s'endormir, abruti de fatigue. À ses côtés, le vieillard ne sent plus ni la morsure du gel ni la faim, mais son cœur continue de battre faiblement.

Quand le garçon se réveille, peu avant l'aube, le corps du vieux chasseur est déjà froid. Celui que l'on nommait respectueusement Ao-Taârh, en croisant les bras au-dessus de la tête, ce qui est le signe du renne, a quitté son corps. « Taârh » indique un animal, n'importe quel animal. Les précisions sont apportées par le mime.

Les anciens hommes utilisent un langage où les mots sont associés à des gestes. Il n'existe qu'un mot pour désigner la neige, mais grâce à des gestes précis, ils peuvent évoquer plusieurs sortes de neige, dont ils connaissent toutes les caractéristiques. Il en va de même pour les émotions et les notions abstraites. Des cris d'appel, de ralliement ou d'alerte complètent ce langage qui procure à ces êtres humains une capacité de communication presque équivalente à celle des hommes nouveaux qui ont recours à une gamme d'expressions orales plus étendue.

« Ao » désigne les hommes ou plus généralement les individus de sexe masculin, « Maâ » désigne les femmes.

Pour les anciens hommes, rien n'existe qui ne soit vivant. Le même mot qualifie à la fois le monde et la vie. Tous les êtres sont apparentés et cohabitent dans une seule et même réalité, sans véritable distinction entre le visible et l'invisible, les vivants et les morts, la matière inerte et la matière en mouvement. La parole elle-même est vivante.

Recevoir un nom, c'est recevoir la force et les pouvoirs qui lui sont associés. Ainsi, les animaux ou les plantes reflètent chez les hommes qui s'approprient leur nom des aptitudes communes à celles qui leur sont prêtées. Les noms apparaissent et s'imposent d'eux-mêmes le moment venu. Le plus souvent, ils se révèlent à la chasse et dans les rêves, quand l'âme s'envole parcourir la steppe, portée par le vent.

Mais depuis longtemps, les signes sont devenus obscurs et les anciens hommes peinent à interpréter les messages des esprits. Quelles lois les anciens hommes ont-ils transgressées pour qu'ils se détournent d'eux ?

Ao sait qu'il est désormais le dernier survivant du clan. Il n'a plus besoin d'autre nom. Il porte celui de tous les anciens hommes. La mort du vieillard ne l'affecte pas. Il a été jusqu'à la limite de ses forces.

Ao pose les armes du défunt sur sa poitrine ainsi qu'un quartier de viande pour montrer à l'esprit du vent qu'il était un chasseur, un homme qui a lutté chaque jour de sa vie pour la survie de son clan. Comme les autres qui l'ont précédé dans la mort, il compte désormais sur Ao pour guider son âme vers l'endroit où vivent encore les anciens hommes. En attendant, elle pourra vagabonder dans la toundra en compagnie du vent.

Ao jette un regard circulaire autour de lui. Il n'y a que la neige immaculée à perte de vue et le silence. Il enlève ses moufles constituées d'une seule pièce de fourrure rabattue sur elle-même, maintenue autour des poignets par une lanière en cuir. Il fouille le petit sac de peau, suspendu à sa taille, qui contient le précieux bois de feu, quelques pierres et fragments de silex ainsi que la vessie de renne destinée au transport de la neige qui fond au contact de la chaleur de son corps. Il s'empare d'un solide burin et d'un galet pour faire office de percuteur. Les doigts engourdis par le froid intense, il s'évertue à extraire une des canines de la bête. La première se brise mais la seconde est intacte. Satisfait, il la range dans son sac. Il prélève aussi l'un des fémurs sur le squelette de l'ours. Lorsqu'il aura mangé la chair qui l'entoure, cet os volumineux fera une bonne massue. Puis il enveloppe les meilleurs quartiers de viande dans une vieille fourrure et s'en va avec son butin.

Le temps est froid et sec, le vent léger. Ao suit à rebours sa propre piste et celle du vieux, s'appliquant à mettre ses pas dans les traces. Il avance vite dans la pâle lumière de l'hiver, malgré son lourd chargement. La journée est déjà bien entamée lorsqu'il aperçoit le corps de celui qui a terrassé l'ours, au prix de sa vie. Le jeune homme est frappé par l'étonnante vision du chasseur agenouillé, saisi par le gel, unique relief dans la platitude infinie de cette partie de la toundra. Il s'attend à le voir se lever et marcher dans sa direction. Mais il ne bouge pas. Alors Ao dénoue le cordon du petit sac suspendu autour du cou de l'homme et y glisse la précieuse canine de l'ours. Il aura marché presque tout un jour pour accomplir ce simple geste. Ainsi, à la vue de ce trophée, l'esprit du vent reconnaîtra la vaillance des anciens hommes et acceptera d'écouter la parole d'un chasseur aussi valeureux.

Sa tâche accomplie, il ne s'attarde pas et reprend sa marche vers le sud.

II

La nuit, Ao dort quelques heures, emmitouflé du mieux possible dans la peau raide de l'ours, parfois dans un trou ou un vague repli de terrain, le plus souvent sans abri au milieu de la morne étendue blanche. Il mâche longuement la viande à demi gelée où il puise son énergie vitale.

Le temps clair lui permet de s'orienter. L'absence de vent, phénomène rare et passager à cette période de l'année, atténue la sensation de froid. La plupart des habitants de la toundra migrent vers le sud pendant la mauvaise saison, et les autres sont encore en hibernation ou se terrent dans leurs tanières. Le silence est total. Pourtant, Ao entend des cris. Il n'est pas seul. Les siens marchent sur ses traces. Il voit leurs visages. Il sent leur odeur.

Le garçon n'a plus connu les grandes cérémonies qui accompagnaient les événements importants de la vie des hommes. Lorsqu'il est né, les survivants du clan avaient déjà été refoulés vers le nord. Les exigences liées à la seule survie avaient relégué les rites au second plan, accentuant les sentiments de déchéance et d'abandon dans lesquels ils se trouvaient. Persuadés d'avoir mécontenté les esprits, longtemps isolés avant de mesurer l'ampleur du désastre au gré des rencontres avec les rares survivants des autres clans, ils avaient mené un combat désespéré pour tenter de s'adapter à l'extrême rigueur de l'hiver arctique. Les plus jeunes enfants et les vieillards étaient morts les premiers. Les survivants avaient cessé de danser. Mis à contribution, bien avant l'âge requis, pour pallier le manque de chasseurs, Ao n'avait connu que les chasses interminables dans la steppe, la concurrence acharnée des loups, la faim lancinante, les nuits glaciales sans feu, le dépeçage macabre des corps de ceux qui avaient cessé de lutter dont la chair permettait de prolonger encore un peu l'agonie du clan. Réservée autrefois à certaines cérémonies, la consommation de viande humaine s'était banalisée. La piste des hommes était jalonnée par ces misérables restes humains.

Ainsi sont-ils morts, les uns après les autres. Ao, lui, a survécu. Il a appris à économiser ses forces, à tirer parti de la nourriture la plus insignifiante. Mais cette terre glacée n'est pas faite pour les êtres humains. Elle appartient au vent. Ao doit retourner là où vivent les hommes. Il doit trouver les survivants de son peuple. Alors seulement, la horde qui s'accroche à ses pas s'apaisera et les âmes des défunts pourront à nouveau habiter un corps semblable à celui qu'ils ont quitté.

Ao passe à proximité du trou où la femme épuisée est restée avec l'enfant qu'elle refusait d'abandonner. Ils sont morts depuis longtemps maintenant. Il ne s'arrête pas. Il a suffisamment de viande à sa disposition. Il continue sa progression vers le sud sans ralentir. Les jours s'écoulent, monotones. La longue trace qui s'étire dans la neige depuis la carcasse de l'ours témoigne du chemin parcouru.

Le vent s'est réveillé. Pendant la journée, c'est un atout, car il souffle dans le dos de l'homme et le pousse dans la bonne direction. Mais la nuit, c'est une autre affaire. La peau d'ours ne suffit plus à le protéger. Il doit trouver un abri chaque soir, car la neige gelée n'est plus assez épaisse pour y creuser un trou. Sinon, il continue de marcher jusqu'à ce qu'il en trouve un. Il dort indifféremment le jour ou la nuit.

Un vague relief se dessine à l'horizon. Ao se dirige dans cette direction. Ce sont « les collines noires », petites éminences rocheuses rabotées par l'érosion. L'aspect désolé des pentes, exposées au nord, est trompeur. Derrière ces bosses dénudées se cachent de petites vallées abritées où le clan avait trouvé refuge pendant plusieurs hivers. Ao n'a gardé que de vagues souvenirs de cette période de sa petite enfance. Mais les chasseurs avaient continué à s'y rendre car on y trouvait la précieuse pierre grise, utilisée pour fabriquer armes et outils.

Pendant quelques saisons, les anciens hommes avaient cru pouvoir demeurer là. Même si les hivers étaient rudes, c'était un bon endroit pour vivre. Le gibier ne manquait pas. Les tapis de camarine noire fournissaient en abondance des baies acidulées que l'on conservait dans la graisse ou séchées, durant tout l'hiver, à l'intérieur de silos creusés dans la terre. Au printemps, des plantes comestibles poussaient dans l'herbe ou au creux des rochers. Sur les berges de plusieurs petits lacs poissonneux ou sur les pentes les moins exposées au vent, végétaient quelques arbustes ou arbres nains, des genévriers, des bouleaux et des saules, parfois quelques pins rabougris, qui fournissaient du bois d'œuvre pour les armes et du combustible pour alimenter le feu.

Mais un jour, une petite bande d'hommes oiseaux était venue dans les collines. Les chasseurs du clan les avaient tués. Ils avaient mis une pierre dans leurs bouches pour empêcher leurs esprits de s'échapper et d'aller informer leurs congénères de ce qu'il était advenu d'eux. Puis ils avaient mangé leur chair. Leurs armes avaient été précieusement conservées. Les sagaies qui avaient fait des ravages dans les rangs des anciens hommes suscitaient le plus d'admiration. Les chasseurs du clan utilisaient surtout des épieux en bois de genévrier ou de pin, aux pointes durcies par le feu, qui n'avaient d'efficacité qu'à faible distance. Ces armes-là étaient fines et robustes. Elles permettaient aux hommes oiseaux de frapper de très loin avec une précision remarquable. L'alliance entre le bois de la hampe et la pointe acérée, taillée dans la pierre, parfois dans l'os ou la ramure des rennes, était sans comparaison avec les emmanchements grossiers pratiqués par les tailleurs du clan. Les chasseurs s'acharnaient à tenter de reproduire de telles armes, mais même les plus habiles d'entre eux ne parvenaient qu'à un piètre résultat.

Le recours aux rites ancestraux n'avait pas suffi à empêcher les hommes oiseaux, avides de se procurer la pierre dure et coupante qui abondait dans les collines, de s'y aventurer à nouveau. Cette fois, ils étaient trop nombreux. Quelques-uns avaient été tués mais les autres avaient pris la fuite. Deux chasseurs du clan, blessés au cours de l'affrontement, étaient morts peu après. Personne ne doutait que ces hommes belliqueux reviendraient. Il avait fallu se résigner à partir.

Après, la vie était devenue très difficile. Pour éviter les confrontations avec leurs ennemis, les anciens hommes avaient exploré de nouveaux territoires, loin vers le nord. Parfois les rennes ne venaient pas. Les petites bandes de bœufs musqués qui fréquentaient ces régions ne suffisaient pas à nourrir la horde affamée et les chasseurs n'hésitaient pas à s'attaquer aux mammouths qui s'aventuraient par là. La chair d'un seul de ces animaux fournissait de la viande à tout le clan pendant plusieurs lunes. Mais les redoutables pachydermes donnaient rarement leur vie sans exiger celle d'un ou plusieurs chasseurs en retour. De moins en moins nombreux, les hommes et les femmes valides, y compris les enfants, chassaient le ventre vide. Au cœur de l'hiver, les plus faibles étaient laissés en arrière.

Ao a connu cette période qui n'a pas duré très longtemps. Les êtres humains ne peuvent vivre au nord de la toundra.

Cette fois, Ao ne s'arrêtera pas dans les collines. Il ira jusqu'à la lisière de la forêt, et plus loin encore, là où se trouvent les anciens territoires des siens. Il sait qu'il lui faudra marcher de nombreux jours pour y parvenir, autant que les doigts des deux mains.

Le temps est en train de changer. Dans la soirée, les nuages ont envahi le ciel. Ce matin, il neige à gros flocons. Le ciel se confond avec la terre. L'horizon a disparu. Il n'y a plus aucun moyen de s'orienter. Tout est blanc. Résigné, Ao se recroqueville sous l'épaisse fourrure de l'ours. Il faut attendre.

Deux jours passent sans aucun changement. Il enlève régulièrement la neige qui s'accumule au-dessus de lui pour éviter d'être étouffé. Il ne fait pas froid dans cette niche. Le silence est total. Lorsqu'il ferme les yeux, il n'entend que les lents battements de son cœur. Il ne manque pas d'eau. La neige fraîche fond dans la vessie de renne qu'il maintient serrée contre son ventre. Il mâchouille la viande fibreuse de l'ours. Une douce torpeur finit par le gagner. Il laisse son esprit vagabonder. Il revoit l'image de son père, à genoux dans la toundra.

Jusqu'à sa mort, l'homme avait tenté de repousser l'échéance fatale, d'inverser le sort funeste qui semblait réservé aux siens. Animé par une sorte de rage perpétuelle, il invectivait ceux qui voulaient abandonner le combat. En choisissant d'affronter seul le redoutable ours blanc, Ao comprend que l'homme a voulu tenter une dernière fois de se concilier les esprits. C'était la première fois qu'ils rencontraient ce formidable animal, sans aucun doute l'ancêtre des ours. En le défiant et en prenant sa vie, le chasseur a prouvé la valeur des anciens hommes. Désormais l'esprit de l'ours blanc est l'allié d'Ao et de ceux qui se joindront à lui parmi les survivants des autres clans.

Au-dessus de lui, la tempête de neige s'achève. Le vent disperse les derniers flocons. Une pâle lueur derrière les nuages indique la position du soleil. C'est le matin. Il est temps de repartir.

Ao s'enfonce dans cette neige humide de printemps qui colle aux pieds. Il avance moins vite.

Les anciens hommes ont parfaitement conscience de l'écoulement du temps qu'ils mesurent en se situant à partir des événements cycliques de la nature, telles les phases lunaires ou les variations d'amplitude de la courbe du soleil, le dégel et la fonte des neiges, les rassemblements des grands troupeaux avant le départ dans la toundra, le retour des oies, des cygnes ou d'autres migrateurs, la période des accouplements et des mises bas, les montées de sève et les différents stades de transformation des végétaux dont ils ont une connaissance approfondie.

Ainsi, Ao sait qu'il atteindra approximativement la forêt au moment où les rennes se rassembleront pour migrer vers le nord. En continuant à marcher dans la direction opposée, il devrait atteindre les berges d'un large fleuve. En remontant son cours, il parviendra dans l'ancien territoire de son peuple, région de plateaux et de collines, surplombés par de hautes montagnes dont les sommets se profilent à l'horizon.

Les jours se succèdent, semblables. Le soleil monte de plus en plus haut dans le ciel. La neige fond. Ao a mangé ce qui restait de la viande putréfiée de l'ours. Il va devoir chasser.

Devant lui s'étend un paysage vallonné, parsemé de taches sombres, là où se fixent les arbres.

Les premiers d'entre eux surgissent, des pins et des bouleaux. Ils ne sont pas très grands et leurs troncs torturés témoignent de la rudesse de leur existence. Mais ce sont de vrais arbres. Le sol est imbibé d'eau. Les parties les plus basses de la steppe se transforment en vastes marécages. Autour, l'herbe et le lichen apparaissent entre les plaques de neige. Il croise la piste d'un troupeau de bisons. Il n'a rien avalé depuis la veille, hormis quelques lambeaux de chair prélevés sur les restes d'un lagopède, abandonnés par un jeune renard qu'il a mis en fuite. Mais Ao se désintéresse des grands herbivores et se contente de mâcher quelques brins de lichen au goût amer pour tromper sa faim. Il se sent vulnérable. Des chasseurs hostiles pourraient le repérer à distance. Il se hâte, pressé d'atteindre le couvert des arbres.

Jusqu'à présent Ao n'avait observé la forêt que de loin. De près, les pins lui paraissent gigantesques. Impressionné, il caresse l'écorce rugueuse et demande aux esprits des arbres de lui permettre de traverser leur territoire. Dans le sous-bois, il fait très sombre. Le soleil peine à infiltrer les épaisses ramures. Le dégel a transformé le sol en un épais magma de bois pourri et d'aiguilles, gorgé d'eau et tapissé de mousses. Les premiers champignons de printemps apparaissent dans les endroits les moins sombres. Un peu de neige se maintient dans les trouées. Il fait frais et humide. Le vent n'est perceptible que par l'agitation des plus hautes branches. Ici, point de silence. Le bourdonnement des insectes ne cesse qu'à la tombée de la nuit. Les cris d'alarme des grives annoncent son approche, déclenchant bruissements d'ailes furtifs et sifflements divers. Les tambourinements frénétiques du pic résonnent par intermittence. Au loin retentissent les chants puissants et rythmés des grands tétras.

Désorienté, Ao avance à tâtons dans la pénombre. Il glisse et s'enfonce dans le sol spongieux, bute contre des monticules de sable et d'aiguilles, provoquant l'effervescence des fourmis qui ont bâti ces édifices. Il trompe un peu sa faim avec ces insectes au goût piquant qui craquent sous la dent. Parvenu au sommet d'une colline, il entreprend l'escalade d'un pin. L'espacement entre les branches, dont certaines sont mortes et se brisent, rend l'ascension périlleuse. Avec précaution, il s'élève jusqu'à la cime de l'arbre, agitée par les rafales de vent. Grâce à la position des montagnes, dont il distingue les lointains sommets au-dessus des ondulations de la forêt, il repère la direction à suivre. Il prend soin de descendre du même côté pour ne pas risquer de se tromper une fois au sol. Il renouvelle l'opération à plusieurs reprises, tout au long de la journée.

La nuit, il grelotte, morose, le ventre vide, enveloppé dans la fourrure mouillée de l'ours. Il dort mal. La nuit est très animée. Le hululement de la chouette répond au glapissement du renard. Des loups en maraude hurlent dans le lointain. Autour de lui, il entend des pas feutrés, de minuscules craquements. Plusieurs fois au cours de la nuit retentissent des cris de colère ou d'agonie. À deux reprises, le lointain rugissement d'un lion vibre à travers l'espace, imposant pour quelques instants le silence à la faune respectueuse.

Ao n'a jamais vécu de nuit aussi agitée. Il lui reste encore à subir le harcèlement des moustiques qui s'insinuent sous la couverture et le piquent sans relâche. Peu avant l'aube, la fatigue a raison de toutes ses contrariétés et il s'endort enfin.

C'est le tambourinement frénétique d'un pic noir qui le réveille. En ouvrant les yeux, il aperçoit l'oiseau qui lui tourne dos, agrippé à la base du tronc d'un mélèze. Avec des gestes d'une lenteur infinie, Ao s'empare d'un fragment de silex dans sa sacoche. L'animal redresse la tête. Il écarte les ailes, s'apprêtant à prendre son envol. Mais il est trop tard. La pierre lancée avec précision le foudroie. Les petits os craquent entre les puissantes mâchoires du garçon. Il n'est pas très gros, mais après les repas de fourmis et de lichens, il s'en accommode. Il s'oblige à mâcher longuement la chair blanche pour prolonger le maigre festin.

Ao reprend sa difficile progression entre les troncs. Mais les arbres s'espacent. La visibilité augmente. Le sol est de plus en plus détrempé. Bientôt c'est un véritable marécage. Les pins ont cédé la place aux saules et aux aulnes, capables de supporter une telle humidité. En cette saison, le fleuve, saturé par la fonte de la neige et de la glace, se répand sur un vaste territoire, formant une espèce de lac bordé, d'un côté, par les falaises abruptes d'un plateau et, de l'autre, par la forêt dont les parties les plus basses sont inondées.

Deux jours durant, Ao remonte le cours du fleuve. Ce matin, il quitte les berges pour s'enfoncer entre le plateau et les collines où, selon les indications du vieil Ao-Taârh, chassaient autrefois les anciens hommes. Il gravit le versant d'une éminence qui culmine au-dessus du relief alentour. Sur les pentes, l'herbe rase a remplacé le lichen, les mousses et les sphaignes des tourbières. L'homme prend plaisir à fouler un sol plus sec. Parvenu au sommet, il contemple l'ancien territoire de son peuple, mosaïque de petites vallées partiellement boisées qui s'étire en direction des montagnes. De nombreux torrents dévalent les pentes des collines. Au loin, il aperçoit des volutes de fumée qui s'élèvent au-dessus des arbres.

Il y a des êtres humains à la périphérie du plateau, peut-être des anciens hommes.

III

Ao descend prudemment la pente en s'accrochant aux saules qui poussent en rangs serrés sur les berges escarpées de l'une des nombreuses rivières qui prennent leurs sources dans les profondeurs du plateau.

Le débit du cours d'eau est rapide. D'impressionnants remous agitent ses flots. Ao prend garde à ne pas tomber.

Il fait presque nuit lorsqu'il parvient là où les collines se sont regroupées pour former le plateau. Surexcité par l'espoir de retrouver les siens, il peine à trouver le sommeil et se remet en marche dès les toutes premières lueurs de l'aube. Sans hésiter, il s'engage dans l'étroite vallée qui remonte la rivière en direction de l'endroit où s'élevait la fumée. Convaincu de toucher au but, il se contente des œufs d'une oie naine pour apaiser sa faim. En peu de temps, il parvient à une intersection où la rivière s'est séparée en deux. Après quelques hésitations, il décide de descendre la seconde ramification plutôt que de remonter le cours d'eau. Il ne tarde pas à se rendre compte qu'il n'a manifestement pas fait le bon choix. De ce côté, le vallon prend des allures de canyon. Il devient difficile de suivre la rivière sans marcher dans l'eau. La végétation est rare, car les rives du torrent sont encombrées par les blocs de pierre qui se détachent des falaises pour former un chaos rocheux à travers lequel l'eau doit se frayer un passage. Des parois vertigineuses s'élèvent de chaque côté. Ao renonce à poursuivre plus avant. Il revient sur ses pas pour continuer à remonter le cours d'eau principal. Très vite, la gorge se mue en une vallée arborée. Tous ses sens en éveil, il progresse le plus possible à couvert derrière la végétation buissonnante qui pousse sur les berges marécageuses de la rivière. À plusieurs endroits, le sol boueux a gardé la trace des animaux qui viennent s'abreuver. Il se promet de revenir sur ses pas avant la fin du jour pour guetter leur venue.

La vallée n'en finit pas de s'élargir. L'eau, peu profonde, coule paisiblement. Les aulnes et les saules se disputent le rivage, repoussant les bouleaux. Plus haut, entre les tapis de bruyère et d'airelles, des pins s'élèvent au creux des rochers recouverts de genévriers nains. Dans les endroits les plus secs, pousse un maigre gazon parsemé de chardons et de campanules.

La journée se poursuit sans grand changement. Alors qu'il s'interroge sur l'opportunité de rebrousser chemin pour retourner à l'endroit où les animaux viennent s'abreuver, l'attention d'Ao est attirée par un spectacle insolite. Dans toute la largeur de la rivière, des pierres ont été disposées sur une seule ligne à un demi-pas les unes des autres. Ce ne peut être que l'œuvre des hommes. De l'autre côté, un sentier s'enfonce dans les taillis. En levant les yeux, il découvre le camp, installé sur le versant opposé de la vallée.

En quelques bonds, il rejoint la piste sur l'autre rive où il relève des empreintes de nombreux pieds humains. Le passage semble très fréquenté. Prêt à se jeter à couvert au moindre bruit suspect, il marche en direction du camp. Des odeurs de fumée mêlées à d'autres effluves lui parviennent, portées par le vent. Ao redouble de prudence. Des hommes peuvent surgir devant lui à tout moment.

Dissimulé derrière des buissons de rhododendrons, Ao observe le camp, installé sur une vaste dalle rocheuse adossée à la falaise qui domine toute la vallée. Le garçon relève la présence de trois longues huttes couvertes de peaux et de branches. Les pieux, qui constituent l'ossature des abris, sont maintenus verticalement à l'aide de lourdes pierres accumulées autour de leur base. Une petite cascade ruisselle le long de la paroi avant de rebondir sur l'une des extrémités de la plate-forme. Plusieurs feux rougeoient et crépitent dans le crépuscule. Des hommes et des femmes s'affairent entre les huttes. Ce ne sont pas des anciens hommes. Ils sont plus élancés. Ils ont l'apparence des hommes oiseaux. Ao gronde de colère.

Que faire maintenant ? La nuit tombe. Il devrait chercher un abri sûr et se reposer en attendant l'aube pour aller chasser. Pourtant il hésite. Les hommes oiseaux sont les ennemis de son peuple. Pour la première fois, il a l'occasion de les approcher. Il voudrait les voir de plus près, les observer un moment, comprendre par quels moyens ils obtiennent le concours des esprits et déceler leurs points faibles.

Le lieu du campement a été bien choisi. Le seul accès est le sentier qui monte à découvert à travers les éboulis. Les deux côtés sont fermés par l'encoignure de la muraille rocheuse. Mais à l'arrière-plan, au-delà de quelques hauteurs d'hommes, la paroi recèle de nombreuses anfractuosités où se sont enracinés des genévriers et quelques pins décharnés. Certains sont idéalement situés pour constituer un observatoire.

Ao se décide. La curiosité l'emporte sur la prudence. Il contourne le camp en longeant la paroi. Pas facile de trouver une voie dans la pénombre. La base de la falaise est lisse et verticale. Les prises sont rares. Il est contraint de s'éloigner davantage du camp. Après plusieurs tentatives infructueuses, sa persévérance finit par payer. En suivant une faille qui serpente sur toute la hauteur, il parvient à s'élever jusqu'à la surface du plateau. De là, il gagne sans difficulté la partie qui surplombe le camp. Il lui reste à trouver un bon poste d'observation.

Il s'avance avec précaution dans la pente en s'orientant grâce à la lueur des braises des foyers. Si l'obscurité le rend invisible, elle l'oblige à prendre des risques en s'avançant au-dessus de l'à-pic. Depuis cette hauteur, une chute lui serait sans doute fatale. Il progresse pas à pas, s'interrompant lorsque des fragments de terre ou de minuscules pierres se détachent sous ses pieds et roulent dans le vide. En contrebas, à distance d'un homme environ, il distingue la forme d'un arbuste. La partie de roche qui le surplombe est lisse et bombée. Le corps collé à la paroi, Ao se laisse glisser dans le vide. Au moment où il commence à prendre de la vitesse, ses jambes rencontrent les branches d'un pin. L'une d'entre elles craque avec un bruit sec. Il parvient à enrayer sa chute en s'agrippant à une autre. L'arbre ploie mais résiste. Le bruit a résonné dans ses oreilles comme un coup de tonnerre. Tout le camp doit être en alerte. Le cœur battant, à califourchon sur le maigre tronc, il attend. Rien ne se passe. Il ose enfin jeter un coup d'œil en bas. Dans l'obscurité, il avait mal évalué la distance. L'arbuste était situé beaucoup plus loin dans la pente qu'il n'y paraissait. Ao est maintenant juste au-dessus du camp. À tâtons, il explore la corniche où le pin s'est implanté. Avec soulagement, il constate la présence d'un creux tapissé de sable entre les racines de l'arbre, suffisant pour pouvoir s'y blottir.

La nuit s'écoule. Il fait frais. Le camp et ses abords sont silencieux. Recroquevillé dans son trou, Ao somnole. Le ricanement d'une hyène interrompt sa rêverie. Le soleil ne va plus tarder à se lever. Il entend des éclats de voix et le crépitement d'un feu. Le camp émerge de sa torpeur. Son estomac vide gronde furieusement. Il doit se contenter de quelques larves d'insectes pour apaiser sa faim. Au moins il ne manque pas d'eau, son outre est pleine. Il s'étire comme il peut et se redresse sur les genoux pour uriner dans le sable.

La rumeur est de plus en plus forte. En dessous, les hommes et les femmes s'agitent. Ao a l'impression d'être parmi eux tant les sons lui parviennent avec netteté. À travers les racines du pin, il observe les allées et venues des habitants.

Deux femmes soufflent sur les braises d'un foyer tandis qu'une troisième apporte des brassées de branches. La plus jeune est enceinte, une autre porte un bébé sur son ventre. Seules la tête et les jambes de l'enfant émergent de la large bande de fourrure nouée derrière les épaules et le dos de sa mère. Un homme s'approche d'un pas nonchalant. Il est très grand. Lorsqu'il ouvre la bouche, Ao s'aperçoit qu'il lui manque plusieurs incisives supérieures. Il émet une suite de sons brefs. Ao suppose qu'il est en train d'invectiver les femmes. Celle qui porte le bébé acquiesce de la tête et se tourne vers la jeune fille enceinte, occupée à attiser le feu. Elle s'adresse à elle d'une voix aiguë. Ao est impressionné par le flot de paroles qui s'échappe de sa bouche. Il se souvient que c'est dans ce langage que le vieil Ao-Taârh situait le pouvoir des hommes oiseaux.

Il sent la chaleur du feu monter jusqu'à lui. La fille enceinte revient avec des quartiers de viande et les dispose sur une pierre plate qui émerge des braises. La viande grésille et son fumet se répand, le faisant saliver. Les hommes arrivent les uns après les autres pour se regrouper autour du feu. Les femmes restent à l'écart. Les chasseurs mangent les premiers.

L'attention d'Ao est attirée par l'un des hommes. Son torse nu et ses bras sont couverts de traits et de points noirs. Le pourtour de ses yeux et le bas de son visage, y compris ses dents, sont peints de la même couleur. Le sommet de son crâne est maculé d'une substance argileuse, formant une espèce de dôme rougeâtre qui prolonge son visage émacié. L'extrémité de sa longue chevelure est séparée en plusieurs tresses auxquelles sont suspendus des plumes, des perles et des objets de formes variées qui s'entrechoquent quand il remue la tête. Les chasseurs s'écartent pour lui faire une place près du feu. Pendant ce temps, les femmes ont alimenté un second foyer et mangent à leur tour. Elles partagent la nourriture avec les enfants. Les aînés des garçons restent près des hommes mais sans oser se joindre à eux. Leur repas avalé, ils se regroupent à une extrémité du camp en chahutant. Certains miment des animaux et des combats avec les chasseurs, d'autres s'appliquent à jeter des pierres ou des morceaux de bois sur une vieille peau tendue entre deux pieux. Quelques-uns, particulièrement belliqueux, se battent férocement dans l'indifférence générale.

La jeune fille enceinte apporte de l'eau aux chasseurs dans un récipient en écorce. Sa grossesse est proche de son terme. Elle se déplace lourdement. Les femmes se séparent. Une partie d'entre elles se munissent de paniers constitués de rameaux de saule entrelacés et descendent vers la rivière. Plusieurs vieilles et la plupart des filles font partie de ce groupe. Les autres, dont celle qui attend un enfant, à laquelle, en dépit de son état, semblent dévolues les tâches les plus pénibles, se mettent à gratter énergiquement des peaux maintenues au sol par de lourdes pierres. Il ne reste que deux femmes près du feu. Elles se sont assises sur un rocher et allaitent leur bébé en jacassant. Une vieille va et vient entre la forêt et le camp en apportant des brassées de bois.

Les chasseurs palabrent. Le géant aux dents brisées s'entretient avec l'homme peint dont l'allure a impressionné Ao. Les autres se munissent de leurs armes. Ils s'apprêtent à partir pour la chasse. Ao les observe attentivement. Plutôt grands avec de longues jambes, le teint mat, leurs yeux, cerclés de noir, saillent dans leurs visages plats. Ils portent un pagne et des jambières fixées à une large bande de peau de renne nouée autour de leur ventre. Des bottes épaisses sont liées à l'extrémité des jambières par de fines lanières de cuir passées dans des trous. Le haut de leur poitrine et les bras sont dénudés. Des parures de plumes, plus ou moins imposantes, ornent leurs chevelures. Certains portent des colliers ainsi que des bracelets de perles et de dents teintées de noir.

Les femmes sont plus petites mais robustes. Elles sont vêtues de manière semblable aux hommes. Leurs vêtements sont ornés de plumes et de longues épingles en bois ou en os qu'on retrouve aussi fichées dans leurs cheveux, noués en chignon au-dessus de leurs têtes. Elles ne portent pas de colliers.

Les hommes ont interrompu leurs palabres. Ils se scindent en plusieurs groupes de trois ou quatre chasseurs et quittent le camp les uns après les autres. Bientôt, il ne reste plus que quelques vieillards, dont le chaman et un jeune homme boiteux. Aucune femme n'accompagne les chasseurs.

Le groupe des garçons de tous âges, au moins autant que les doigts des deux mains, dévale le raidillon en direction de la rivière. Les plus petits sont munis de pierres et les autres agitent de courtes sagaies. Bientôt, l'un d'eux revient prélever une branche incandescente dans le feu et repart à vive allure. Ao ne les voit pas. Ils sont quelque part aux alentours de la rivière d'où s'élève de la fumée. Il entend leurs cris.

Soudain, l'un des grands fait irruption dans le camp en courant. Il brandit un gros lièvre. Aussitôt après, toute la troupe réapparaît, lancée à ses trousses. Ils s'égaillent entre les huttes dans un concert de hurlements. Le fuyard est rapidement cerné par la meute vociférante. Il s'ensuit une bagarre générale pour la possession de l'animal. Même les plus petits sont de la partie. Le jeune homme boiteux s'en mêle à son tour. Il arrive en clopinant et rétablit un semblant de calme en assenant quelques coups aux plus virulents, avant de s'emparer du lièvre sanguinolent. Il prélève une grosse portion de chair avec son couteau, puis jette dédaigneusement les restes en direction des enfants regroupés autour de lui, provoquant une nouvelle mêlée furieuse. En un rien de temps, la misérable dépouille, tiraillée de toute part, est mise en pièces. Ceux qui ont réussi à s'approprier un morceau de viande défendent âprement leur précieux butin. Seuls les plus forts parviennent à le conserver. Ils s'associent tacitement pour s'opposer aux assauts de ceux qui restent les mains vides, dont la convoitise est intacte.

Les deux groupes se déplacent vers le second foyer. Ao ne les voit plus.

Des braillements s'élèvent de nouveau. Celui qui semble être le benjamin de la bande surgit dans le champ de vision d'Ao. Il a réussi à tromper la vigilance des grands pour s'emparer d'un morceau de viande que son propriétaire avait sans doute mis à cuire. Il détale à toute vitesse vers la rivière, suivi par la victime, elle-même talonnée par les petits, à la fois jaloux et ravis de l'exploit réalisé par l'un des leurs.

Ils repassent peu après dans l'autre sens. À voir la victime gesticuler et fulminer sous les quolibets, Ao devine que le fuyard n'a pas été rattrapé. Comme les plus jeunes, il devra se contenter des quelques lambeaux de chair restants sur les os abandonnés par ses congénères.

La journée s'avance. Le ciel clair permet au soleil de réchauffer l'atmosphère. Les enfants se sont dispersés. Le calme revient sur le camp. Celles des femmes qui sont parties tôt le matin vers la rivière reviennent avec leurs paniers remplis de plantules et de racines. Les deux mères avec leurs bébés se joignent à elles pour trier et nettoyer les végétaux.

Puis c'est au tour d'un groupe de chasseurs de regagner le camp. L'homme aux dents brisées en fait partie. Ils ne rentrent pas bredouilles. Un jeune cerf, né au début de la belle saison précédente, est suspendu à une perche supportée par deux hommes. Ils sont accueillis par les cris des enfants et des femmes.

Dans sa niche, Ao ne peut détacher son regard de la carcasse de l'animal, négligemment posée sur une pierre.

Les hommes se sont dispersés dans le camp, hors de sa vue.

La jeune fille enceinte, la seule qui ne porte pas de chignon, s'approche de la bête avec un couteau.

Elle est seule. Ao sent monter en lui le désir de défier les hommes oiseaux en s'emparant de leur butin. Il ne réfléchit plus. Il glisse le long de la paroi. La femme l'aperçoit au moment où il touche le sol. Elle se fige de stupeur et le regarde d'un air épouvanté en pointant son petit couteau vers lui dans un geste de défense dérisoire. Ao ne veut pas tuer cette femelle mais elle est sur son passage. D'un revers de bras, il l'écarte brutalement et se précipite sur sa proie. Des clameurs retentissent. Malgré la surprise, les chasseurs réagissent beaucoup plus vite qu'il ne l'escomptait. Au moment où il hisse le jeune animal sur ses épaules, une sagaie vient s'y ficher. Deux autres rebondissent sur la roche, à quelques pas de lui. La voie est encore libre pour quelques instants. Il se rue en direction de la rivière et dévale la pente en bondissant de pierre en pierre, au risque de chuter. Son avance est dérisoire. Plusieurs sagaies le frôlent. Malgré ses efforts, alourdi par le poids de la bête, encombré de sa massue et de son épieu, il ne parvient pas à distancer ses poursuivants. Ils sont furieux et hurlent de rage.

Ao court aussi vite qu'il peut. Il a conscience que ses chances de leur échapper sont faibles. Avec une telle charge, il ne tiendra pas longtemps à ce rythme. À plusieurs reprises, il trébuche sur des pierres instables, parvenant miraculeusement à conserver son équilibre. Les autres en profitent pour se rapprocher un peu. La carcasse pèse de plus en plus lourd sur ses épaules. Bientôt il sera à leur merci.

Alors il laisse la colère l'envahir, la colère des anciens hommes frustrés de leur territoire ancestral, frustrés de leurs vies. Il hurle à son tour. La fureur lui donne des ailes. Il accélère encore. S'il parvient à tenir jusqu'à la tombée de la nuit, il pourra peut-être leur échapper.

À travers sa sueur et le sang de l'animal qui voilent sa vue, Ao aperçoit la rivière et le passage de pierres. Parvenu au milieu du cours d'eau, il sent un caillou glissant se dérober sous son pied d'appui. Le poids qui l'écrase l'empêche de se récupérer. Il tombe vers l'avant et se retrouve à genoux dans l'eau peu profonde. Derrière lui, les chasseurs atteignent la rivière. Il entend leurs cris de triomphe. Affolé, il se redresse et tente de repartir avec son fardeau. L'effort est violent. Son cœur bat précipitamment. Il peine à remplir ses poumons d'air. L'eau lui arrive au-dessus des genoux. Il réussit à faire quelques pas en direction de la berge opposée.

Des sagaies volent à nouveau autour de lui. Dépité, Ao se retourne et fait face. Le cadavre du jeune cerf, projeté à bout portant, heurte le chasseur de tête qui s'est engagé dans la rivière. Frappé de plein fouet, l'homme s'écroule dans l'eau.

Surpris par cette brusque volte-face, les trois autres se sont arrêtés sur le rivage. Interdits, ils voient Ao se ruer vers leur congénère empêtré sous la carcasse de l'animal, la massue brandie. L'homme ne se relèvera plus. Le lourd fémur d'ours s'abat sur sa tête avec une violence inouïe. Sous l'impact, son crâne éclate comme une noix.

Ao ne mangera pas la viande du cerf mais il peut encore sauver sa vie. Avec un grognement de défi, il achève de traverser la rivière et reprend sa course. Au moment où il prend pied de l'autre côté, une sagaie l'atteint au flanc droit. Il titube sous l'impact. Le sang ruisselle, maculant la fourrure de l'ours. Une autre sagaie passe à un doigt de sa nuque. En dépit de la douleur aiguë, il reprend sa course.

Derrière lui, les trois chasseurs se sont ressaisis. Fous de colère et de haine, ils traversent à leur tour la rivière.

Ao a tué l'un d'entre eux. Désormais, ils ne le lâcheront plus.

Malgré la douleur qui irradie dans tout son corps à chaque foulée, débarrassé de son fardeau, il parvient à maintenir une allure suffisante pour préserver sa courte avance et se maintenir hors de portée des redoutables sagaies. Il court dans l'eau peu profonde du bord de la rivière. Il n'aurait pas le temps de s'échapper à travers la végétation qui environne le cours d'eau. La moindre hésitation lui serait fatale. Mieux vaut continuer d'avancer à découvert. Il doit tenir jusqu'à la nuit.

La vase à laquelle il doit s'arracher à chaque pas ralentit sa progression. Mais les autres connaissent les mêmes difficultés. Il lui semble avoir pris un peu d'avance.

Ao s'aperçoit qu'il n'a plus qu'un seul poursuivant en la personne du géant édenté. Ses deux compagnons ont peut-être pris un raccourci pour tenter de lui couper la voie. Ils ont l'avantage de connaître le terrain. Il essaye d'accélérer encore. La vallée se resserre de plus en plus. Ao reconnaît l'endroit où il se trouve. C'est l'embranchement où la rivière se sépare. Il aperçoit les deux chasseurs, postés à l'entrée de la gorge située sur la gauche, celle qui va vers les collines. Les sagaies brandies, ils lui interdisent le passage dans cette direction. Le troisième chasseur est sur ses talons. Sans hésiter, il bifurque vers l'autre canyon, celui dont il avait exploré un bout avant de rebrousser chemin. La première partie est large. Ao continue de courir. Les deux hommes n'ont pas bougé. Ils ne semblent pas pressés de le suivre. Bientôt, le garçon se rend compte qu'il n'y a plus personne derrière lui. Il n'est pas dupe. Les trois hommes voulaient le contraindre à s'engager dans cette gorge. En observant les parois lisses de chaque côté, il comprend pourquoi. Il n'y a pas d'issue dans cette direction. Ceux qui le pourchassent n'ont plus besoin de se hâter. Il est pris au piège.

Peut-être se contenteront-ils de guetter son retour. Mais Ao garde espoir. Il trouvera un moyen de sortir de cette nasse. Il décide de s'arrêter quelques instants pour reprendre son souffle, boire et examiner sa blessure. L'entaille n'est pas très profonde car la pointe de la sagaie a été déviée par une côte. La plaie a presque cessé de saigner. Sa soif apaisée, il se remet en marche. La nuit est en train de tomber. Le ciel est dégagé et les pâles rayons de lune font scintiller la surface de l'eau. Il parvient à l'endroit où il s'était arrêté lors de sa reconnaissance. Le canyon se rétrécit. Il escalade l'amoncellement de rochers sous lesquels disparaît le cours d'eau. Toujours pas d'issue sur les côtés, impossible de grimper le long des murailles vertigineuses qui enserrent le torrent.

Épuisé, il se hisse sur le sommet à peu près plat d'un volumineux bloc qui domine le chaos rocheux. Il n'ira pas plus loin cette nuit.

Son corps est si las qu'il ne sent même plus la faim. Il dort d'un sommeil agité. Son esprit part vagabonder dans la toundra. Il est le grand ours blanc. Blessé à mort, il essaye de regagner son lointain territoire. Ao sent sa douleur, sa terreur d'animal traqué.

Maintenant, des muscles puissants le propulsent en avant à la vitesse du vent. Sa crinière flotte dans l'air et ses sabots projettent un nuage de neige autour de lui. La meute affamée est à ses trousses. Il est devenu une proie. Il court jusqu'à la limite de ses forces. Dans un dernier hennissement de désespoir, il s'abat dans la neige poudreuse. Son corps est secoué de spasmes et sa vue se brouille. Les fauves mordent ses flancs. Son instinct lui interdit d'abdiquer. Dans un ultime effort, il se redresse et tente de s'arracher à cette étreinte de mort. Les crocs percent le cuir épais. Son sang jaillit. Il ne sent plus rien. Son esprit s'envole.

Lorsqu'il se réveille, le soleil éclaire déjà une partie du canyon. Une douleur lancinante émane de sa blessure. Il étire les muscles raides et douloureux de ses jambes. De son perchoir, la vue porte vers l'arrière jusqu'à une portion dégagée en amont des éboulis rocheux. Personne en vue. Affamé, il scrute les petites vasques limpides entre les rochers. Ses yeux captent le mouvement vif d'une truite dans l'eau claire. En s'approchant, il en repère deux autres. Il jette un caillou dans l'eau pour localiser la pierre sous laquelle elles nichent. Le souffle coupé, il se coule dans l'eau glaciale. De la main, il explore ses abords jusqu'à trouver l'entrée du trou. Mais il doit se résoudre à s'immerger complètement pour en atteindre le fond. Son bras s'enfonce dans le passage qui mène jusqu'à la cachette des poissons. Ses doigts se referment sur la peau lisse. La truite essaye de s'échapper mais Ao enfonce ses ongles dans sa chair molle. Sans relâcher son étreinte, il ramène l'animal à la surface. En renouvelant l'opération à d'autres endroits, il parvient à capturer plusieurs poissons. Les truites sont de belle taille et une seule suffit à apaiser sa faim. Il enfouit les autres dans sa besace. Il croit entendre l'écho de voix humaines. Les hommes oiseaux ont repris la chasse. Il est temps de repartir.

Devant lui, les gorges se resserrent à tel point qu'elles semblent se refermer. Au-delà des éboulis, le cours d'eau remplit la largeur du défilé. Ao enroule sa peau d'ours autour de son sac et de ses armes pour en faciliter le portage.

Revigoré par son repas, il s'engage dans le torrent. L'eau lui arrive jusqu'à la taille. En tendant l'oreille, il perçoit un lointain grondement. Bientôt il doit nager. La rivière décrit plusieurs coudes. Maintenant les parois sont à peine distantes de la longueur d'un homme. Le courant le propulse en avant. Il traverse une succession de biefs profonds entrecoupés de petites cascades qu'il parvient à franchir sans trop de difficulté. Le grondement s'amplifie.

Les longues immersions dans l'eau froide sont très éprouvantes. Ao profite de chaque rocher émergé pour se réchauffer au soleil. De l'arrière, des éclats de voix, cette fois beaucoup plus distincts, lui parviennent. Ses poursuivants ne sont plus très loin.

Ao hurle de défi à leur intention. Il n'a pas renoncé à leur échapper. Et s'il ne peut plus avancer, il se retournera contre eux. Il les tuera un à un ou alors il mourra.

Le dénivelé a augmenté et le courant s'intensifie. Ao réalise que, même s'il le voulait, il ne pourrait plus faire marche arrière. Le piège est en train de se refermer. Le grondement est maintenant assourdissant. Des vaguelettes agitent la surface de l'eau. Le garçon est aspiré par l'énorme masse liquide. Il renonce à s'opposer à la force du courant, se contentant de se protéger comme il peut des chocs contre les parois ou les rochers qui saillent sous la surface.

Il éprouve les plus grandes difficultés à maintenir sa tête hors de l'eau bouillonnante qui se rue vers l'avant. Derrière lui, à travers les gerbes d'écume, Ao aperçoit l'homme aux dents cassées, debout sur le rocher où il a passé la nuit. Il ricane.

C'est la dernière chose qu'il voit avant d'être absorbé par le bouillon. Il perd le contrôle de son corps. L'eau pénètre dans sa bouche et ses narines. À une vitesse prodigieuse, il est projeté dans le gouffre où se précipite la rivière dans un fracas épouvantable. La chute lui paraît interminable.

IV

Napali grommelle et se retourne sur sa couche.

Le garçon ne se laisse pas démonter et continue de tirailler un pan de la fourrure dans laquelle l'homme est emmitouflé.

— Quoi encore ? rugit-il enfin. Comment oses-tu traiter ainsi celui qui parle aux esprits en troublant son sommeil !

Le garçon éclate de rire et redresse fièrement les épaules. Ses dents blanches luisent dans la pénombre de la hutte. Il est Tsinapa, le fils de Wagalik, le chef. Il a l'habitude des glapissements outragés du vieillard. Une étroite complicité s'est instaurée entre eux depuis que le chaman a découvert les talents du garçon.

Comme tous les enfants, il aimait manipuler la terre. Mais quand les autres s'évertuaient à façonner des formes grossières, ses mains avaient le pouvoir de faire sortir de la glaise toutes sortes d'animaux. Le vieil homme avait encouragé l'enfant, lui permettant de développer ce don précieux que son esprit lui avait donné.

Napali s'assoit sur son lit de mousse en grimaçant. Il voit le garçon boitiller devant lui. Il se souvient des événements survenus l'été précédent.

En l'absence des chasseurs, des hommes aux yeux cerclés de noir, avec des parures de plumes dans les cheveux, avaient surgi dans le camp en hurlant. Napali ne comprenait pas leur langage. L'un d'eux était un véritable géant. Il avait désigné trois jeunes femmes, leur faisant signe de sortir du groupe. Le chaman s'était interposé. Avec un sourire narquois, le géant avait levé lentement sa sagaie. Immobile, les mains levées vers le ciel, Napali avait invoqué les esprits. Après un moment d'hésitation, l'homme oiseau l'avait frappé avec la hampe de son épieu, l'envoyant rouler au sol. Effrayées, les deux plus jeunes filles avaient obtempéré aux injonctions du géant, se résignant à leur sort. La troisième était Aki, la sœur de Tsinapa, compagne du chasseur Aytamak. C'était une femme courageuse. Elle avait refusé d'obtempérer. Alors ils s'étaient saisis d'elle et l'avaient traînée avec les autres. En ricanant, ils avaient arraché leurs vêtements pour les examiner nues, s'interpellant en gesticulant avec des rires et des cris. Après les avoir laissées se revêtir, ils leur avaient lié les poignets derrière le dos, puis les avaient poussées sans ménagement en direction de la sortie du camp. C'est à ce moment-là que le jeune Tsinapa était intervenu. Se munissant d'une pierre, il avait couru derrière eux, sourd aux injonctions des siens. En contournant un bouquet de saules, il avait devancé la petite troupe pour se retrouver face au géant qui marchait en tête. Une main derrière le dos, il avait apostrophé le redoutable personnage.

— Rends-nous nos sœurs ou je te tue !

L'homme s'était esclaffé. Mais avant qu'il ait pu esquisser un seul geste, Tsinapa avait lancé la pierre de toutes ses forces.

Le projectile avait frappé le géant au bas du visage, effaçant le sourire goguenard. Incrédule, il avait passé sa main sur ses lèvres éclatées, s'attardant sur les moignons de trois de ses incisives supérieures, brisées net. Très vite la stupeur s'était muée en fureur. Il s'était rué sur le garçon, l'avait arraché au sol et projeté contre un rocher.

Des cris de colère avaient fusé parmi les habitants rassemblés qui s'étaient rapprochés. Un vieil homme à la démarche raide s'était détaché du groupe en faisant des gestes menaçants avec un bâton.

Napali s'était précipité pour calmer les ardeurs du vieux chasseur. Mais il n'avait rien pu faire. Foudroyé presque à bout portant, le vieillard téméraire s'écroulait déjà, la poitrine transpercée par une sagaie.

L'assemblée avait grondé. Des femmes et des enfants avaient ramassé des pierres.

Napali avait hurlé :

— Arrêtez ! Ne les provoquez pas !

S'interposant entre les deux groupes, le dos tourné aux hommes oiseaux, il avait exhorté les siens à garder leur sang-froid.

Cette manœuvre désespérée avait porté ses fruits. Conscient qu'il risquait de perdre l'un de ses compagnons dans un affrontement stérile, estimant avoir déjà payé assez cher la conquête de ces femelles, le géant et ses complices en avaient profité pour s'éclipser avec les trois femmes. Tous s'étaient précipités vers le garçon qui gisait au sol, inanimé. Il vivait encore mais sa jambe gauche était très abîmée. L'os était fracturé à plusieurs endroits. Quant au vieillard téméraire, il était mort.

Quelques jours plus tard, les chasseurs étaient revenus. Aytamak avait voulu se lancer à la poursuite des ravisseurs. Le chemin était encore long jusqu'à leur lointain territoire, il était encore possible de les rattraper. Wagalik avait hésité. Par des membres d'autres clans, victimes de leurs exactions, le vieux chef avait entendu parler de ces clans féroces, établis du côté où le soleil se lève. Un vieil homme était mort. Les chasseurs du lac ne pouvaient abandonner leurs femmes. Lui-même avait perdu sa fille, et son fils resterait infirme pour la vie. Sa colère était grande. Mais la saison des grandes chasses n'était pas encore achevée et les réserves encore insuffisantes pour affronter l'hiver. En se lançant à la poursuite des hommes oiseaux, ils mettaient en péril la survie du clan. Aytamak s'était obstiné. De nombreuses voix s'étaient élevées pour se rallier à la sienne. Toutes les femmes lui avaient manifesté leur soutien.

Wagalik avait soupiré et cherché des yeux le chaman pour quêter son conseil. Napali avait réclamé le silence pour parler au nom des esprits. Il avait donné raison à Wagalik et à Aytamak. La saison de chasse n'était pas encore terminée, les hommes ne pouvaient se permettre d'interrompre leurs activités. Mais trois chasseurs habiles pourraient suivre la piste des hommes oiseaux, attendre le moment opportun et libérer les femmes.

Wagalik avait approuvé. En agissant ainsi, la saison de chasse ne serait pas compromise. Le clan subviendrait aux besoins des familles des trois chasseurs pendant leur absence. Aytamak était un jeune homme intrépide. Il reviendrait, plus fort et plus expérimenté, et le jour venu, il ferait un bon guide pour les siens.

Awami avait déclaré qu'il accompagnerait Aytamak. Kimi, une des deux jeunes femmes capturées, avait répondu favorablement à ses avances et il comptait annoncer ses intentions le moment venu. Ce garçon réservé n'avait intégré le groupe des chasseurs que l'année précédente mais il bénéficiait déjà de l'estime de ses aînés.

Un chasseur plus âgé, Oummaï, le père de Kimi, s'était joint à eux.

Ils s'étaient mis en route dès le lendemain, soucieux de ne pas perdre encore davantage de terrain.

Grâce aux incantations et aux soins prodigués par Napali, Tsinapa avait survécu. Il avait pris le nom de l'arbre à l'écorce blanche dont les petites feuilles bruissent dans le vent, celui de l'arbre ancêtre, le bouleau, dont la frêle silhouette se dresse là où aucun autre feuillu n'ose s'aventurer, en qui les hommes avaient reconnu l'un des premiers habitants de la terre. Mais la jambe du garçon resterait tordue et il boiterait toujours.

Une cérémonie avait été organisée pour apaiser l'esprit du vieillard téméraire et le convaincre de rejoindre le territoire des ancêtres. Le chaman avait sollicité l'aide de l'esprit du loup pour guider l'âme du défunt et l'avait obtenue. Alors seulement, son corps avait cessé d'être contagieux et les hommes avaient pu le manipuler sans risque pour le descendre dans le gouffre des morts. Puis la vie avait repris son cours.

* * *

Aki sait que l'enfant qu'elle porte en elle est condamné. Au cours de l'hiver, les femmes du clan ont découvert qu'elle était enceinte. Elle-même ne s'en était rendu compte qu'au terme du long périple qui les avait menés jusqu'au territoire des hommes oiseaux. Ils ne laisseront pas vivre un enfant dont l'esprit est lié à celui d'un chasseur ennemi. Son bébé sera tué et elle restera l'esclave des femmes, à la disposition des hommes qui souhaiteront assouvir leurs désirs. Au mieux, peut-elle espérer être attribuée à l'un de ces cruels chasseurs.

Aki refuse ce sort funeste. Elle veut garder son enfant et retourner vivre parmi les siens. Elle n'ignore pas qu'elle a peu de chances de survivre en effectuant seule l'interminable voyage qui la ramènerait sur les berges du grand lac, au pied des grandes montagnes blanches. Mais elle partira quand même.

Kimi, la plus jeune des trois femmes capturées, est morte pendant le trajet, victime de la brutalité des chasseurs. Itaâ a connu un meilleur sort. Le chasseur qui l'a prise pour compagne n'est pas le plus mauvais. D'un tempérament docile, elle s'est résignée.

Aki lui a fait part de ses projets mais la jeune femme a décidé de rester.

Jusqu'à présent, du fait de sa grossesse, les hommes l'ont laissée dans une relative tranquillité. La brutale incursion de l'homme ours a créé une grande confusion dans le camp. Les quatre chasseurs présents se sont lancés à sa poursuite. Les femmes s'agitent, et les enfants vont et viennent en braillant. Aki a vite retrouvé ses esprits. Elle n'aura pas de meilleure occasion. Pour une fois, nul ne fait attention à elle. Il n'y a personne sous la hutte dans laquelle un coin lui a été assigné pour dormir. Elle écarte les fourrures poussiéreuses qui recouvrent le sol et entreprend de creuser le sable avec ses doigts. Son ventre la gêne. Elle entend un bruit. Quelqu'un chuchote, tout près. Prise de panique, elle se fige, essayant d'écouter malgré les battements désordonnés de son cœur qui résonnent dans ses oreilles.

— Aki ! Es-tu là ? C'est moi, Itaâ ! Réponds-moi ! Je sais que tu es là !

Soulagée, Aki soupire.

— Oui, je suis là. Entre.

Itaâ soulève la lourde peau doublée qui ferme l'orifice d'accès et pénètre dans la hutte.

Elle sourit en voyant sa compagne occupée à creuser la terre.

— Je savais que tu partirais aujourd'hui. Je suis venue te dire au revoir. J'aimerais avoir ton courage pour t'accompagner, mais je ne l'ai pas. Mon esprit est plus faible que le tien, mais après ma mort, il rejoindra les montagnes.

Aki acquiesce et caresse les cheveux soyeux de son amie.

— Je ne te blâme pas. L'homme avec lequel tu vis est un chasseur habile. Il semble moins cruel que les autres. Moi je dois partir, sans quoi mon enfant mourra. Mon esprit ne me pardonnerait pas de n'avoir rien tenté pour le préserver. La vie serait trop difficile autrement.

Itaâ extirpe de sous son vêtement un objet étroit, enroulé dans un morceau de cuir.

— C'est pour toi. Je l'ai volé à mon homme.

Elle rit.

— Il est encore en train de le chercher !

Aki ne peut refréner un cri d'admiration devant le magnifique couteau. Elle passe le doigt sur la lame effilée et sur les encoches pratiquées à l'autre extrémité, dans la partie faisant office de manche.

Émue, elle serre le bras de la jeune fille.

— Ton esprit n'est pas aussi faible que tu le dis, car il t'a donné le courage de dérober cette arme pour moi. Si l'enfant que je porte en moi est un fils, lorsqu'il sera devenu un chasseur, je lui donnerai ce couteau et je lui raconterai son histoire. Ainsi Itaâ restera dans la mémoire du clan. Va maintenant. Il ne faut pas que l'on te trouve avec moi.

Sans attendre le départ de sa compagne, Aki se remet à creuser. Elle extrait un à un du sol les quelques objets maculés de terre dont elle a réussi à s'emparer en trompant la vigilance des membres du clan. Il y a là une sagaie perdue par un chasseur, ramassée à proximité du camp, quelques menus éclats de silex et d'os, une petite pierre à feu, une vessie de renne pour le transport de l'eau et quelques morceaux de viande séchée protégés par un emballage en peau. Elle met tout dans un grand sac, qu'elle dissimule sous l'ample tunique qui lui sert de vêtement, et se redresse avec peine. Elle respire un grand coup avant de sortir. Il n'y a personne aux alentours. Elle s'empare d'un récipient en écorce et se dirige vers la cascade, tête basse.

Une grande agitation règne toujours dans le camp. L'incroyable audace de l'homme ours, ainsi désigné en référence à la prodigieuse fourrure d'ours blanc qui recouvrait son corps, alimente les palabres et entretient l'excitation générale. On croyait ces anciens hommes disparus depuis longtemps et les voilà de retour, poussant l'insolence jusqu'à venir dérober de la nourriture au milieu du camp des vrais hommes.

Aki jette un rapide coup d'œil derrière elle. Personne ne lui prête attention. Avec son gros ventre, aussi près de la délivrance, qui imaginerait qu'elle puisse songer à s'enfuir, affronter la solitude et les bêtes sauvages ?

Elle dévale le raidillon. Elle retient sa respiration et serre les poings, s'attendant à tout moment à entendre une voix la héler. Mais rien ne se passe. Elle pénètre dans la petite forêt de bouleaux. Elle est désormais invisible depuis le camp. Elle traverse la rivière et prend la direction opposée à celle empruntée par le fuyard et ses poursuivants. Très vite, elle bifurque vers les hauteurs désolées du plateau par une voie qu'elle a repérée de longue date. Les chasseurs ne penseront peut-être pas à la poursuivre dans cette direction. Aki espère pouvoir prendre un peu d'avance. En marchant à travers le plateau, à main gauche de l'endroit où se couche le soleil, elle devrait finir par atteindre le fleuve qui la mènera jusqu'au territoire des siens. Mais parviendra-t-elle jusque-là ? Elle sent que l'enfant voudra bientôt sortir. Il faudra qu'elle trouve un abri sûr pour le mettre au monde. Jusque-là, elle devra chasser et fuir en même temps. Elle sait tout cela. Elle sait aussi que ses chances de survie sont infimes. Mais elle n'a aucun regret.

* * *

Ao n'entend pas les clameurs lointaines des hommes oiseaux, satisfaits. Après sa chute, il est aspiré dans les profondeurs de la vasque. Livré aux caprices de l'eau tumultueuse, il ne sent plus ni ses bras ni ses jambes et sombre lentement dans l'inconscience. Mais les esprits des anciens hommes réclament la vie pour le dernier des leurs. Alors, de mauvaise grâce, la rivière finit par le rejeter hors du tourbillon.

Poussé par le courant, il échoue sur une plage de galets. Seules ses jambes et une partie de son torse restent immergées. Il gît ainsi très longtemps, comme si son esprit hésitait à demeurer dans son corps. Lorsqu'il se réveille enfin, il a l'impression que son squelette est disloqué. La vue brouillée, le moindre mouvement attise les douloureuses pulsations à l'intérieur de son crâne. L'eau est froide. Il frissonne. Après plusieurs tentatives, il parvient à se mettre à quatre pattes. De violents spasmes lui nouent l'estomac. Il vomit l'eau qui gonfle son ventre.

Il s'assoit et passe sa main sur l'ensemble de son corps. Hormis sa plaie à la taille, il n'a aucune blessure apparente. Bien que courbaturés, ses membres retrouvent peu à peu leur mobilité. Il n'a pas de fracture, seulement des contusions.

Ao réalise qu'il a survécu. Il pousse un hurlement sauvage. L'esprit des anciens hommes est puissant. Ao est toujours vivant. Il a défié les hommes oiseaux au cœur de leur campement et il a réussi à leur échapper. Il ne doute pas qu'il parviendra à sortir d'ici. Après une période d'adaptation, grâce à la faible lumière qui parvient de l'orifice par lequel se précipite le torrent, il distingue les contours du gouffre creusé dans le calcaire. L'eau est peu profonde sur les côtés. Ao entreprend d'en faire le tour. Il retrouve la fourrure de l'ours, échouée sur la rive. Son épieu flotte à proximité. En sondant le fond alentour, il finit par mettre la main sur son gourdin en os. La surface est agitée à certains endroits par des tourbillons qui indiquent que la rivière continue d'être aspirée vers les profondeurs. De l'eau s'égoutte le long des parois depuis des ouvertures dans la voûte par lesquelles s'insinuent également de pâles rayons de soleil.

L'une d'entre elles, qui semble pouvoir livrer passage à un homme, est à sa portée. La pierre humide rend l'accès malaisé. Ao doit s'y reprendre plusieurs fois avant de parvenir à s'agripper au rebord de l'étroite ouverture. Encombré de sa massue et de son épieu, la première partie de l'ascension s'avère très difficile. La paroi intérieure du conduit est raide, presque verticale. Ao progresse en faisant opposition avec ses pieds et son dos. Au moindre relâchement, il sent qu'il glisse vers le bas. Pour franchir certains coudes, il doit se contorsionner comme une couleuvre. Par bonheur, la pente s'atténue nettement. La fissure s'élargit. Maintenant, il peut progresser à quatre pattes. Mais ce n'est que provisoire. Les parois se resserrent à nouveau. Par moments, Ao doute de pouvoir passer. L'effroi le saisit lorsqu'il s'imagine coincé ici, à la merci d'un orage.

Imperceptiblement, il continue pourtant d'avancer. Il se cogne la tête. Au-dessus de lui, le passage est partiellement obstrué par une lourde pierre. Il a beau s'étirer autant qu'il peut, il ne parvient pas à franchir cet obstacle. Impossible de passer sans la déplacer. La peur de rester bloqué et de devoir redescendre dans le gouffre décuple ses forces. En poussant avec l'épaule, il parvient à faire pivoter légèrement la pierre. Encouragé, il poursuit ses efforts. À nouveau, il tente de forcer le passage. Sa blessure à la taille s'est rouverte. La pierre rugueuse déchire sa peau. Au prix d'un effort violent, il parvient à passer les épaules. Le reste du corps suit.

La fissure débouche dans une cavité qui doit se trouver tout près de la surface, comme en témoignent les rais de lumière qui strient sa voûte constituée d'un amoncellement de rochers. Haletant, les côtes endolories, il s'accorde quelques instants de répit dans la petite grotte.

Ao relève que la partie surélevée, tapissée de sable, constitue un bon emplacement pour dormir. Au-delà, la petite cavité semble se prolonger par un passage sous les rochers. Les espaces sont suffisants pour lui permettre de se faufiler jusqu'à la sortie, toute proche. Quelques instants plus tard, Ao débouche sur le plateau. Après son séjour dans la pénombre, il lui faut un certain temps pour s'accommoder à la vive clarté du jour. Quel plaisir de sentir la brise sur sa peau meurtrie !

Il est bien sur le plateau, vaste surface minérale abandonnée à la rocaille et au vent où la végétation est maigre et clairsemée. Ao note avec satisfaction que l'entrée de la grotte n'attire pas l'attention. Elle a l'aspect d'un simple renfoncement sous les rochers et seule une exploration attentive permettrait de déceler le passage vers la petite cavité. Il a trouvé un endroit sûr pour reprendre des forces en attendant de repartir à la recherche des anciens hommes.

Il fait chaud. Ao étale sa fourrure imbibée d'eau pour la faire sécher. Le soleil réconforte son corps endolori. Son estomac profite de ce moment de détente pour se rappeler à son attention. La chair crue du poisson lui semble un véritable régal. Repu, il lui reste encore des réserves pour plusieurs jours. Mais le soleil n'a pas encore atteint le sommet de sa courbe. Ao pourrait en profiter pour chasser. Ce soir, il reviendra et dormira dans la grotte.

* * *

Le soleil s'est levé une fois depuis qu'Aki a pris la fuite. Elle progresse dans la direction qui devrait la mener jusqu'au fleuve, loin en aval. Profitant de la pleine lune, elle a marché presque toute la nuit sans interruption, une main crispée sur la hampe de sa sagaie, l'autre sur le manche de son couteau, convaincue que des prédateurs n'allaient pas tarder à surgir pour la dévorer, ne s'accordant que de courtes pauses pour manger un peu et somnoler quelques instants sur les branches d'un arbre ou au creux d'un rocher. Elle a découvert la réalité du monde des ténèbres hors de l'enceinte du camp et de la chaleur des feux qui éloignent les esprits des morts qui n'ont pas encore été apaisés. À chaque pas, elle s'attendait à être foudroyée par les puissances de la nuit. Parfois, la terreur la submergeait, ses jambes refusaient d'avancer, elle avait l'impression que son esprit affolé voulait s'échapper. Les cris et les bruissements lui inspiraient des visions d'animaux terrifiants qui défilaient devant ses yeux. Pourtant, rien ne se passait. Ne subsistait que l'accablante sensation de solitude. Alors, elle finissait par se remettre en marche, petite silhouette difforme égarée sur le territoire du vent. Au lever du jour, elle avait repris courage. Son choix était le bon. Comme elle l'espérait, les hommes oiseaux avaient dû suivre la piste qui longeait la rivière jusqu'au fleuve.

Ce matin, malgré l'épuisement, elle marche d'un bon pas dans l'espoir de maintenir une partie de son avance. Les chasseurs n'auraient aucune peine à la rattraper en terrain découvert, il lui faut atteindre au plus vite le cours supérieur du fleuve, assez loin en amont pour escompter que les hommes oiseaux auront renoncé à la poursuivre plus avant sur cette voie. Là-bas, elle pourra trouver de la nourriture et se cacher dans les taillis qui jalonnent ses berges pour mettre son enfant au monde.

Mais la surface désolée du plateau s'étend à perte de vue.

Des nuages obscurcissent le ciel. Le vent se lève. La pluie se met à tomber, d'abord doucement, puis de plus en plus dru. Des éclairs zèbrent l'horizon. Le tonnerre gronde. Des bourrasques lui fouettent le visage, l'obligeant à courber la tête. Elle doit lutter de toutes ses forces pour avancer. Aki sent qu'elle ne pourra pas continuer longtemps dans ces conditions. Elle est exténuée. La peur et les deux jours de marche soutenue ont déclenché de violentes contractions qui la contraignent à s'arrêter presque à chaque pas.

Un liquide chaud coule entre ses jambes. Aki gémit d'angoisse. Elle est en train de perdre les eaux. L'enfant veut sortir maintenant, dans la tempête. Les contractions ne vont pas tarder à s'intensifier.

Affolée, la jeune femme cherche désespérément un abri. La pluie redouble. Elle sait que les hyènes rôdent la nuit sur le plateau. L'odeur du sang les attirera inévitablement. Elle ne peut pas accoucher là, sans quoi elle mourra avec son enfant. Pliée en deux par la douleur, elle se dirige vers un amas de rochers dans l'espoir d'y trouver un abri.

Le cœur battant à tout rompre, suffoquée, elle se tapit dans le premier trou qu'elle déniche. Elle découvre qu'il se prolonge sous les blocs de pierre, formant un étroit passage. Elle se faufile le plus loin possible, pataugeant dans l'eau d'un ruisseau que la pluie a fait naître. Elle parvient à un endroit plus spacieux. Elle n'ira pas plus loin car elle est à bout de forces. Au moins est-elle à l'abri du déluge qui continue de s'abattre sur le plateau !

Elle se traîne jusqu'au recoin le plus élevé, épargné par le ruissellement de l'eau. La fréquence des contractions s'accentue. La bouche ouverte pour tenter de happer un peu d'air, la jeune femme s'accroupit et pousse de toutes ses forces.

Une contraction plus violente lui arrache un cri de douleur. L'enfant arrive.

V

Ao est de mauvaise humeur. Un violent orage a interrompu sa quête de gibier. Accroupi sous le maigre couvert d'un pin égaré au milieu de la morne étendue caillouteuse, il râle. La nuit est tombée. Il pourrait être bien à l'abri, à se reposer, et il est là, à grelotter sous une pluie diluvienne. La tempête le nargue en redoublant d'ardeur. Les éclairs zèbrent le ciel, illuminant le plateau désertique. Ao sait que la foudre peut frapper l'arbre isolé. Il se résout à abandonner cet abri, s'éloigne de quelques pas et se recroqueville sous la fourrure de l'ours pour attendre la fin de la tempête. Ao a déjà connu la colère du ciel mais jamais une telle furie. Le ciel se déchire pour se vider de son eau. Le pin solitaire subit, lui aussi, les assauts de l'orage. Il se tord sous les violentes rafales de vent. Sa chétive ramure est secouée en tous sens et ses aiguilles impitoyablement dispersées dans la tourmente. Pourtant, il résiste. Une fois encore, la foudre va peut-être l'épargner. Ao est saisi de respect et de compassion pour ce compagnon d'infortune. Il grogne des encouragements à son intention. L'arbre lui répond en s'agitant de plus belle, comme s'il raillait les bourrasques en dansant à la lueur des éclairs.

Ao se lève. La lourde peau souillée de boue vole autour de lui dans le vent. Il se tortille et gesticule pour imiter la danse de l'arbre. Pendant le reste de la nuit, il répond aux grondements du tonnerre par des cris. Dépité, l'orage finit par s'éloigner, accompagné du vent qui emmène la pluie avec lui. L'aube se lève sur le plateau détrempé.

Ao salue l'arbre et reprend son errance à la recherche du gibier. Il longe maintenant une gorge encaissée, noyée par un cours d'eau tumultueux qui charrie des flots d'eau boueuse.

Impossible de traverser ce canyon. Il faudra attendre plusieurs jours pour que la rivière s'apaise. Ao est las. Il reviendra chasser ou pêcher quand le niveau de l'eau aura baissé. Il lui reste assez de poisson pour tenir plusieurs jours. Jusque-là, il dormira bien au sec, dans la petite grotte. Il se hâte, pressé de s'abandonner au sommeil que son corps réclame. Des coups de tonnerre retentissent encore dans le lointain. À la faveur de quelques éclaircies, le soleil réchauffe l'atmosphère.

L'eau s'évapore, formant un léger brouillard qui flotte au-dessus du sol. Ao marche d'un bon pas. Il compte bien rejoindre son abri avant la nuit. Grâce aux repères qu'il a pris soin de relever, il retrouve sans peine l'entrée de la grotte.

Il s'arrête sur le seuil, les narines frémissantes. Des odeurs familières s'exhalent de la caverne. Perplexe, il reconnaît l'odeur humaine mêlée à celle du sang frais. Un homme blessé ou un chasseur avec son gibier s'est peut-être abrité de l'orage. Est-il encore là ?

Ao se faufile sous les rochers. Les émanations persistent à l'intérieur du passage qui mène à la petite cavité. Contrarié, il hésite à s'engager plus avant. Aujourd'hui, il n'aspire qu'à se reposer. La perspective de combattre un homme oiseau ne le réjouit pas. La sagesse serait de chercher un autre abri. Mais la curiosité l'emporte. Muni de son gourdin, il se glisse silencieusement dans le boyau. L'odeur humaine est de plus en plus forte. Un faible cri lui parvient, le cri d'un nourrisson. Stupéfait, Ao pénètre dans la petite niche et découvre la femme et l'enfant tapis dans le coin où il comptait s'installer.

Au même moment, Aki lève la tête et distingue la silhouette trapue dans la pénombre. Ses yeux s'agrandissent de terreur. Voilà donc l'origine des faibles effluves qu'elle avait sentis en s'enfonçant sous les rochers sans parvenir à les identifier précisément ! Elle est dans la tanière de l'homme ours !

Ao ne bouge pas. Lui aussi l'a reconnue. C'est la femme enceinte qu'il a bousculée lors de son incursion chez les hommes oiseaux. Que fait cette femelle ici toute seule, loin du camp ?

Aki serre son enfant dans ses bras. C'est un beau garçon, parfaitement formé. Elle recule autant qu'elle peut vers l'extrémité de la grotte, comme si elle espérait pouvoir s'échapper à travers la roche. Tapie contre la paroi, elle se recroqueville autour de son bébé. Elle considère avec effroi cet homme étrange dont elle est à la merci.

Immobile, Ao réfléchit. Cette femme a fui les hommes oiseaux, sans aucun doute. Il se remémore l'hostilité des autres femmes à son égard, son allure différente, les tâches pénibles auxquelles elle était astreinte malgré sa grossesse avancée.

Il avance d'un pas. Aki claque des dents, convaincue de l'imminence de sa mort. L'enfant s'agite et geint. Il sent la peur de sa mère. La plainte de son petit réveille les instincts de la jeune femme. Elle doit défendre sa progéniture. Elle pose le bébé derrière elle et cherche à tâtons sa sagaie. Sa main ne trouve que le poignard. Elle s'en contentera. Le souffle court, elle se redresse, cherchant ses appuis sur le sol humide et irrégulier.

Ao avance encore d'un pas. Il ne fait aucun geste brusque, gardant sa massue au sol pour ne pas l'effrayer davantage.

Aki vacille, prise de vertiges. Sa longue marche et l'accouchement l'ont épuisée. Cet être inquiétant ne se comporte pas comme un prédateur. Il devrait déjà avoir bondi sur elle. Pourquoi cette attente ?

Ao continue d'observer la jeune mère. Il apprécie sa vaillance. Il ne ressent aucune colère contre elle. Sa présence l'ennuie. Il voudrait se reposer mais elle a pris sa place. Il admire la longue et fine lame qu'elle tient dans sa main. Jamais il n'a vu une arme aussi remarquable. Comment a-t-elle abouti entre les mains de cette femme ? Ao sait qu'il n'aurait aucun mal à s'en emparer. Pourtant, il ne le fait pas.

Aki attend l'assaut. Le courage lui revient. Elle défendra son petit comme une louve. Ils restent un long moment, immobiles, face à face. Fatiguée, Aki baisse le bras. Elle jette des coups d'œil furtifs sur l'intrus. En vérité, en dehors de son vêtement, il n'a absolument rien de commun avec un ours, ou alors, peut-être, cette formidable puissance physique qui émane de lui. Les ours sont grands, lui est plutôt petit. Sa peau est assez velue mais sans comparaison avec l'épaisse toison de cet animal. Si son visage pointu lui donne une apparence singulière, au fond de ses vastes orbites, son regard est celui d'un être humain. La bouche et les dents sont celles des hommes. Évidemment, les animaux ne portent pas de vêtement et n'utilisent pas de massues.

Qui est-il ? D'où vient cette immense fourrure qui le couvre ? Aki n'a jamais vu d'ours de cette taille et encore moins de cette couleur ! Aki ignorait qu'il existait des ours blancs !

De quelle région lointaine et inconnue cet homme est-il originaire ?

Aki se souvient des histoires racontées par Napali à propos des anciens hommes qui peuplaient autrefois le monde. Des chasseurs prétendaient que certains d'entre eux vivaient encore de l'autre côté des montagnes. Cet homme est sans doute l'un de ceux-là.

Une sueur glacée coule le long de son dos. L'ancien homme n'a peut-être pas de femelle. Il voudra la prendre pour compagne. Qu'adviendra-t-il de son bébé ? La peur s'insinue de nouveau en elle. Une vague de désespoir la submerge. Ses yeux s'embuent. Elle ne reverra plus le lac et ceux de son clan : Tsinapa, son frère, Wagalik, son père, toujours si bienveillants envers elle, Napali, le chaman, dont les paroles apaisent les esprits et chassent la peur, et tous les autres dont les visages sont gravés dans sa mémoire ! Quel triste destin que le sien ! Elle aimait l'existence rude mais paisible qui était la sienne. Les hommes de son peuple étaient pacifiques, les femmes respectées, bien mieux traitées qu'au sein du clan des hommes oiseaux. Les hommes écoutaient leur parole. Son compagnon était un chasseur brave et attentif. Il ne l'avait jamais brutalisée. Sa faim était toujours rassasiée. Aki ne retrouvera jamais tout cela. Il ne lui reste sans doute plus qu'à combattre jusqu'à la mort.

Ao n'a toujours pas décidé quelle contenance adopter. Il a conscience de la peur qu'il inspire à cette femme. Il continue de l'examiner attentivement. Il n'a encore jamais eu l'occasion de voir d'aussi près un représentant de cette espèce. Elle n'a pas la robustesse des femmes de son peuple. Le visage plat est étrange. La peau est lisse et mate. Ses yeux saillent de chaque côté du nez, plutôt petit. Ils brillent dans l'obscurité. La femme a de la fièvre. Elle est épuisée. Elle tremble de fatigue et d'effroi. Elle craint pour sa vie et celle de son enfant. Ao pose son gourdin. Cette femme ne représente aucun danger pour lui. Ne devrait-il pas s'en aller en lui abandonnant la place ? Il trouvera bien un autre abri en attendant la décrue. Il n'a de toute façon pas l'intention de s'attarder ici. Cependant, la présence de cette femme oiseau est une aubaine. N'est-ce pas là l'occasion d'en apprendre beaucoup plus sur les ennemis de son peuple ? Mais comment communiquer avec elle ?

Aki n'en peut plus. Rester debout est devenu une torture. Ses jambes sont molles. Pourquoi reste-t-il là, sans bouger, à l'observer ? Il pourrait la tuer d'un seul geste. Pourtant, il ne manifeste aucune hostilité envers elle ou l'enfant.

Il continue de la dévisager fixement, ce qui la rend encore plus mal à l'aise. Elle n'ose pas soutenir son regard, de peur d'éveiller sa colère. Le bébé commence à s'agiter. Il a faim.

Cette situation insolite se prolonge. Aki lutte pour se maintenir debout. Elle perd peu à peu conscience du présent. Elle n'entend pas le bébé crier de plus en plus fort. Son corps se balance doucement. Son regard se perd dans le vague.

Ao se décide à intervenir. Il grogne sèchement à l'intention de la jeune femme en désignant l'enfant avec son bras tendu. Ce n'est qu'un grognement étouffé, mais il résonne dans la petite caverne et ramène brutalement Aki à la réalité. Le bébé hurle à présent. Le regard plein d'effroi de la jeune femme croise celui de l'homme. Une nouvelle fois, elle ne lit aucune agressivité dans ses yeux. Elle voit le bras tendu vers le bébé. Elle obéit mécaniquement à cette injonction et se penche vers l'enfant qui gigote par terre.

Satisfait, Ao va s'asseoir à l'autre extrémité de la grotte. Lui aussi est fatigué. Il bâille. Il aimerait bien s'allonger quelque part. Mais il est dans la partie basse de la grotte, en partie inondée.

Il finit par trouver un endroit un peu moins humide. Il s'en contentera. Sans plus se soucier d'Aki et de son enfant, il se couche avec un soupir de satisfaction. Il ne tarde pas à s'endormir, emmitouflé dans sa fourrure d'ours, sous l'œil interloqué de la jeune femme.

Aki a pris son petit dans ses bras. Ses seins gonflés de lait lui font mal. Le visage rouge d'avoir tant crié, affamé, le petit trouve enfin le téton nourricier. Dans sa précipitation, il boit trop goulûment, manquant de s'étouffer.

Aki n'a plus la force de réfléchir. Toutes ces émotions l'ont épuisée. Accablée de fatigue, elle n'a qu'une idée en tête, fermer les yeux, s'abandonner à son tour au sommeil.

On n'entend plus que les bruits de succion du bébé, rythmés par la respiration profonde de l'homme. Enfin rassasié, l'enfant s'endort, bientôt imité par sa mère.

Aki se réveille la première. L'homme ours n'a pas bougé et dort tranquillement. L'esprit encore embrumé, elle se remémore pêle-mêle les derniers événements. Elle a faim et soif. Sa gourde est encore à moitié pleine et il lui reste un dernier morceau de viande séchée qu'elle mâche avec application. La hâte de son bébé à quitter son ventre a contrarié ses plans. Elle espérait atteindre le fleuve pour constituer une réserve de nourriture avant cette échéance. Perdue avec son enfant sur ce plateau désolé, sans provisions, à la merci de cet homme redoutable, sa situation lui paraît particulièrement critique. Mais elle a retrouvé un peu d'énergie en dormant. Elle luttera jusqu'à ses dernières forces. Elle doit profiter du sommeil de l'homme ancien pour lui échapper et chercher un autre abri.

Aki se lève sans bruit. Le bébé s'est réveillé et joue avec ses doigts contre sa poitrine. Prise de vertige, elle attend quelques instants en retenant sa respiration avant de se risquer à pas furtifs vers la sortie. Elle doit enjamber le corps de l'homme. En s'approchant, elle s'aperçoit que ses yeux sont ouverts et qu'il l'observe en silence. Terrifiée, elle se précipite vers la sortie de la grotte, heurtant son torse au passage avec son pied. Ao se contente de la suivre des yeux. Aki est persuadée qu'il va se jeter sur elle. Dans sa hâte, elle se cogne aux aspérités. Son cœur cogne dans sa poitrine. Le passage lui paraît interminable. Elle parvient enfin à la sortie. Elle aspire avidement l'air frais qui lui cingle le visage. Il pleut à verse. Désemparée, la jeune femme scrute l'horizon quasi désertique. L'homme n'aura aucun mal à la rattraper. Il ne va sans doute pas tarder à surgir. Il faut qu'elle trouve une autre cachette. Fébrile, elle fouille le moindre recoin susceptible d'abriter une anfractuosité.

Il n'y a rien, pas le moindre trou où elle puisse se terrer, au mieux quelques abris ouverts à tous vents ! Ses vêtements sont déjà imbibés d'eau. Elle a froid. C'est alors qu'elle l'aperçoit. Juché sur un rocher, il l'observe. Elle fait mine de s'éloigner. Il ne bouge pas. Elle marche longtemps avant de se retourner. Il pleut toujours aussi fort. Le bébé réclame son lait.

Aki réalise qu'elle n'ira pas plus loin. Elle doit encore se reposer. Résignée, elle rebrousse chemin. L'homme a quitté son perchoir. Il est probablement retourné dans la grotte. Son attitude déconcerte la jeune mère. Pourquoi cette passivité ?

En attendant, la pluie redouble d'intensité. S'il avait voulu lui faire du mal, il l'aurait déjà fait. Il n'y avait aucune agressivité dans son regard, juste de la curiosité. Un accès de faiblesse l'oblige à s'asseoir quelques instants. Elle est trempée de la tête aux pieds. L'eau dégouline sur la tête du nourrisson qui proteste.

Vaincue, Aki regagne l'abri de la caverne.

L'homme s'est installé là où elle était auparavant ! Il dort paisiblement. La jeune femme n'en revient pas ! Non seulement il ne lui a fait aucun mal, mais il a attendu son départ pour prendre la meilleure place !

Ao avait d'abord accueilli avec un certain soulagement le départ de la mère et de son petit. Leur présence risquait d'attirer les hommes oiseaux. Mais la curiosité l'avait une nouvelle fois emporté et il l'avait suivie à l'extérieur. Où voulait-elle aller avec son nouveau-né ? Comment se nourrirait-elle ? Une femme ne pouvait pas vivre seule, encore moins avec un bébé !

Une fois dehors, il avait suivi ses tergiversations d'un œil perplexe. À l'évidence, elle était à bout de forces. Comme lui, cette femme avait fui les hommes oiseaux. Sans doute avait-elle profité de l'agitation que lui-même avait provoquée. Pourquoi fuyait-elle ? Ao n'en avait aucune idée, mais elle devait avoir de bonnes raisons pour oser partir seule, sur le point d'enfanter ! Seule l'intervention d'un esprit puissant avait pu lui permettre d'arriver jusqu'ici. Cette femme appartenait certainement à un autre clan qu'elle tentait de retrouver. Il ne se fait cependant pas d'illusions sur son sort. Si les hommes oiseaux ne la rattrapent pas, elle mourra de faim et d'épuisement ou dévorée par un animal. Il aurait peut-être dû la tuer. C'est le sort qui l'attend, de toute façon. Il a intérêt à ce que les hommes oiseaux continuent à le croire mort. Or, à cause d'elle, les chasseurs sauront qu'Ao est toujours en vie. Elle leur montrera sa cachette ou les remettra sur sa piste. Il grogne. Que cette femelle suive son chemin, Ao ne lui veut aucun mal ! Il ne ressent pas à son égard l'hostilité qu'il éprouve envers les hommes oiseaux. La perspective d'un possible affrontement avec eux ne l'inquiète pas outre mesure. Il va dormir encore un peu, puis il s'en ira. Ils ne le rattraperont plus. Sans en avoir pleinement conscience, il ressent une vague compassion pour cette femelle solitaire et son enfant, un certain respect aussi, pour le courage hors du commun dont elle a fait preuve en décidant de fuir seule, dans son état.

Indécis, contrarié sans trop savoir pourquoi, il s'attarde quelques instants avant de regagner son abri. Il se couche à l'emplacement abandonné par la jeune femme, plus confortable que le sien, et sombre à nouveau dans le sommeil.

Aki doit se contenter du coin de dalle occupé précédemment par l'homme. Elle essaye de ne faire aucun bruit, de crainte de le réveiller et de le mettre en colère. Elle aimerait tant qu'il s'en aille ! Elle nourrit son bébé affamé. L'angoisse ne la quitte pas. Même si l'homme ours la laisse vivre, sa situation restera désespérée. Affamée, aura-t-elle la force de marcher jusqu'au fleuve et de chasser ? Sans nourriture, son lait ne tardera pas à se tarir. Et si elle y parvient malgré tout, comment pourra-t-elle survivre, seule avec son petit, au retour du grand gel ?

Sa lassitude est profonde. Elle somnole.

Ao dort longtemps. Son jeune corps récupère des épreuves des jours précédents et reconstitue ses forces. Ce sont les petits cris du bébé qui le réveillent. La femme est revenue. Elle lui jette un regard furtif. Curieusement, Ao se réjouit du retour de la jeune mère.

Il extirpe une truite de son sac, la coupe en deux et grogne. Aki le voit agiter le morceau de poisson en la regardant. Elle n'en croit pas ses yeux !

La plus grande confusion règne dans son esprit. Elle a très faim. Elle sait que la survie de l'enfant et la sienne dépendent peut-être de ce morceau de chair que l'homme lui tend. Mais quel sera le prix à payer pour cette offrande ? L'homme ours est seul. Il n'a pas de compagne. Peut-être laissera-t-il vivre son petit ? Il ne semble pas animé de mauvaises intentions à son endroit.

Ao s'impatiente. La femme ne veut-elle pas manger ? Comment espère-t-elle pouvoir continuer à nourrir son enfant si elle ne s'alimente pas ? A-t-elle mal interprété son geste ?

Aki le regarde s'approcher le cœur battant. De près, il est encore plus impressionnant. Les muscles de ses bras épais saillent sous sa peau. Il se penche vers elle. Son visage est tout proche du sien. Ses yeux ronds et profonds ne reflètent toujours aucune animosité, seulement de la curiosité, peut-être même de la gaieté. Il lui tend le poisson. La faim balaie ses réticences. Elle s'en saisit. Mais il ne part pas. Il regarde avec insistance le couteau. Aki n'a aucune envie de lui donner l'arme. Mais, d'un geste vif, il s'en empare et va s'asseoir à quelques pas.

La jeune femme se hâte d'avaler le morceau de chair en observant l'homme à la dérobée. Il examine l'arme sous tous ses angles, comme s'il essayait de comprendre comment elle a été réalisée.

Au fur et à mesure de son examen, son attitude change. Il gronde et serre les mâchoires. Une expression dure s'impose dans son regard. Aki sent son cœur cogner dans sa poitrine. Elle serre son petit si fort qu'il se met à hurler. Mais l'homme se contente de jeter le couteau à ses pieds d'un geste dédaigneux avant de regagner sa place.

Il s'assoit face à elle mais ne la regarde pas. Il continue de vociférer en gesticulant. Les traits de son visage se déforment au gré des sombres pensées qui traversent son esprit. La tension qui l'habite est palpable. Les grimaces se succèdent sur son visage comme les images d'une très longue histoire. La jeune femme est troublée. Elle s'étonne de ne plus avoir peur.

VI

Le jour et la nuit s'écoulent, identiques, rythmés par le martèlement lointain et monotone de la pluie sur les rochers formant la voûte de la petite caverne. L'eau s'insinue par les moindres interstices et ruisselle sur la dalle. Aki s'est déplacée pour trouver un endroit moins humide.

L'homme et la femme alternent les périodes de somnolence avec des phases de profond sommeil. Chacun profite de l'assoupissement de l'autre pour l'observer en silence. Parfois leurs regards se croisent quelques instants. Aki ne baisse plus les yeux.

Ao continue de partager sa nourriture avec elle.

Sa plaie à la hanche est cicatrisée. Il se sent en pleine forme. Il a hâte que la pluie s'arrête pour s'en aller. La réserve de poisson diminue rapidement.

Ce matin, l'eau ne coule presque plus dans la caverne. Aki observe Ao. Comme chaque jour, il s'apprête à sortir se dégourdir sur le plateau. Mais cette fois, il a rassemblé ses maigres biens. En partant, il pose le dernier poisson à côté d'elle.

La pluie a cessé. Une brise légère chasse les nuages.

La jeune femme ne lui a pas fait part de ses intentions. A-t-elle décidé de rester ici ? Les hommes oiseaux ne trouveront pas la grotte. La rivière n'est pas très loin. Elle pourra chasser et pêcher. Ao n'a aucune raison de s'attarder davantage. Pourtant il semble indécis. Il scrute l'entrée de l'abri comme s'il espérait la voir surgir. Mais elle ne vient pas. À contrecœur, il finit par s'éloigner.

Aki devrait se réjouir du départ de l'homme ours. Mais ce n'est pas le cas. Elle se surprend même à espérer son retour, sans y croire vraiment. Elle l'a vu prendre son épieu et poser ostensiblement le poisson sur le haut de la dalle. Il l'a abandonnée à son sort. Qu'espérait-elle donc ? Elle n'a pas manifesté de gratitude à son égard, seulement de la méfiance et de la peur. Il a partagé sa nourriture avec elle. Il l'a laissée tranquille. Il n'a même pas pris le couteau. Maintenant il lui cède la place ! Que pouvait-il faire de plus ?

La jeune femme s'en veut. Elle regrette de n'avoir pas cherché à communiquer. Il aurait peut-être consenti à ce qu'elle le suive jusqu'au fleuve.

Sans lui, elle serait sans doute morte de faim. En récupérant des forces, elle a repris espoir. Elle constate le vide laissé par son départ. Seule avec son enfant, la caverne lui paraît sinistre. En l'espace de quelques jours, elle s'était habituée à la compagnie de cet être taciturne. En partageant sa nourriture avec elle, il avait fait preuve de compassion. Son calme et cette impression de force irrésistible qui émanait de sa personne la rassuraient. En sa présence, elle se sentait en sécurité.

L'angoisse la saisit à nouveau.

Elle réalise soudain qu'elle est peut-être en train de laisser échapper son unique chance de survie. Il ne doit pas être loin. Elle le suivra à distance. Elle s'affole. Il faut faire vite.

Hormis quelques tiraillements et une lourdeur dans le bas-ventre, Aki a bien récupéré de l'accouchement. Dehors, le ciel est dégagé. La silhouette trapue de l'homme ours se dessine vers le couchant. Il a pris la direction qu'elle aussi doit suivre. Sans hésiter, elle s'élance sur ses pas.

Soudain, des cris retentissent. Son sang se glace dans ses veines. Les hommes oiseaux sont derrière elle, trois petites silhouettes qui grossissent à vue d'œil. Ils sont encore loin mais ils avancent vite sur la surface dégagée du plateau. Aki n'a pas beaucoup d'avance. Elle ne leur échappera pas. Sans doute n'ont-ils pas encore repéré l'homme ours. Il faut qu'elle les amène jusqu'à lui pour le contraindre à les affronter. Avec l'énergie du désespoir, elle court dans sa direction.

Ao est déjà loin mais il a entendu les éclats de voix. Les hommes oiseaux n'ont pas relevé sa présence. Ils n'ont d'yeux que pour leur proie. Ils sont trois. Ils ne forcent déjà plus l'allure, convaincus que la femme ne peut plus leur échapper. Aki redouble d'ardeur. Elle n'a pas la prétention de distancer ses poursuivants, mais elle a vu qu'Ao s'était arrêté. Elle a conscience de mettre la vie de l'homme en péril. Mais elle n'a pas d'autre alternative.

Ao a compris son manège. Il voit la jeune femme courir vers lui. En partant tout de suite, il sait qu'il a suffisamment d'avance pour s'esquiver et éviter le combat. Il n'a rien à craindre pour peu qu'il ne tarde pas trop. Pourtant, il ne bouge pas. La scène qui se joue derrière lui ne le laisse pas indifférent. Les hommes oiseaux sont ses ennemis. Il n'a pas envie de fuir devant eux.

Aki n'en peut plus. Elle a l'impression qu'Ao est toujours aussi loin. La gorge en feu, hors d'haleine, elle est au bord de l'asphyxie. Le bébé, secoué par cette course folle, proteste en s'égosillant. Le sol est jonché de cailloux. Elle trébuche une première fois, puis une deuxième. Privée de l'usage de ses bras, elle chute lourdement vers l'avant en roulant sur le côté pour protéger son enfant. Les chasseurs la rejoignent avant qu'elle n'ait pu se relever. Ils n'ont toujours pas vu Ao, tapi derrière un repli de terrain, à peine à deux portées de sagaie. Ils tournent autour d'elle en ricanant.

Aki se redresse. Elle n'est pas résignée à se rendre. Ils ne l'auront pas vivante. Son bébé maintenu d'une main contre sa poitrine, elle les menace de l'autre avec son poignard. Son air farouche et déterminé lui procure un court répit qu'elle met à profit pour retrouver son souffle. Les trois hommes gardent leurs distances. Ils se méfient de cette femelle enragée qui se comporte de façon aussi invraisemblable. Qu'une femme, de surcroît sur le point d'accoucher, ait osé affronter la solitude et le monde hostile, qu'elle ait survécu si longtemps, dépasse leur imagination !

Maintenant, au lieu de supplier qu'on épargne sa vie, elle les défie !

Ils ne peuvent se départir d'un certain respect pour son incroyable courage. Elle ressemble si peu aux femelles soumises qu'ils côtoient ! Est-elle seulement une femme ? Ses yeux sont pleins de fureur. Ce sont les yeux d'une louve.

Ils veulent la ramener vivante. Ils ont tout leur temps. Pour l'instant, ils se contentent de l'observer comme s'ils redoutaient quelque chose, peut-être l'intervention du puissant esprit qui protège cette femme belliqueuse.

Aki regarde dans la direction empruntée par l'homme ours. Une petite butte masque l'horizon et elle ne le voit plus. Il est sans doute déjà loin. Pourquoi l'aurait-il attendue ? Son plan a échoué. Sa fuite désespérée s'achève ici. Une rage froide, à la mesure de son impuissance, s'empare d'elle, balayant l'épuisement et la peur. Avec une vigueur insoupçonnée, elle se jette sur l'homme le plus proche et frappe de toutes ses forces. La pointe dure perce l'épais vêtement et pénètre son ventre. Son sang se répand. Incrédule, l'homme la regarde d'un air étonné tandis qu'elle arrache le couteau de la plaie. Elle lève la main pour frapper une nouvelle fois. Mais l'un des deux autres chasseurs a réagi. Il attrape son bras et le tord, l'obligeant à lâcher l'arme. Le troisième tente de lui prendre le bébé. En se débattant de toutes ses forces, Aki réussit à se dégager. Elle reprend sa course folle. Les deux hommes se ruent derrière elle en hurlant. Elle sent leur souffle dans son dos.

Ao n'a rien perdu du spectacle. La vaillance de la jeune femme l'impressionne. Il se réjouit de la tournure des événements. Elle passe à côté de lui sans le voir. Les deux chasseurs sont sur ses talons. Mais ils ne la rattraperont jamais. Leur appréhension était justifiée. Comme par magie, Ao surgit devant eux en hurlant. Emporté par son élan, le premier des poursuivants le percute avec violence. Solidement campé au sol, Ao encaisse le choc presque sans broncher. D'une main, il attrape l'homme par le bras, de l'autre il lui assène un coup brutal avec une pierre qu'il a ramassée.

L'homme s'effondre, le crâne défoncé. Le troisième individu, le seul encore valide, s'est arrêté à quelques pas. Effaré, il tarde à réagir. Ao en profite pour récupérer son épieu. Projeté presque à bout portant, il transperce sa poitrine de part en part.

Aki a suivi les péripéties du violent affrontement qui n'a duré que quelques instants. Elle voit le chasseur qu'elle a frappé avec son couteau se dresser péniblement derrière Ao. Elle ouvre la bouche pour hurler une mise en garde. Ao a senti la présence de l'homme. Au moment où il se retourne, une pierre heurte sèchement son front. Ébranlé par le choc, la vue brouillée, Ao sent une douleur fulgurante lui traverser la cuisse. Une seconde pierre percute sa tempe. Ses jambes se dérobent. Il sombre dans l'inconscience et s'effondre.

Malgré le sang qu'il perd en abondance et la mort qui plane déjà au-dessus de lui, l'homme oiseau esquisse une grimace de triomphe.

Il ramasse la sagaie de l'un de ses compagnons et se dirige vers Ao pour l'achever. Il marche très lentement. Chaque pas lui arrache un grognement de douleur. Il veut être sûr de frapper au cœur, car il sent qu'il n'aura pas la force de le faire une seconde fois. Accablé de souffrance, aveuglé par la haine qui le maintient en vie, il ne prête pas attention à la jeune femme venue se placer juste derrière lui. Aki a ramassé la massue d'Ao. Elle la soulève le plus haut possible et l'abat sur la tête de l'homme. Le lourd fémur de l'ours heurte la tempe droite du blessé, écrasant l'oreille avant de rebondir sur son épaule. Sous la violence du choc, l'arme vibre entre ses mains et lui échappe. Le coup n'est pas mortel mais suffit à déséquilibrer le blessé qui lâche sa sagaie et tombe à genoux. Aki ramasse la massue. Cette fois la position basse de l'homme lui permet de mieux viser et de frapper beaucoup plus fort. Il n'a pas le temps de se retourner. Le coup, porté au sommet du crâne, interrompt son hurlement de douleur et de rage. Il s'écroule. Aki frappe encore et encore. Ce n'est que lorsque son bras refuse de lui obéir qu'elle s'arrête, haletante. Hébétée, elle contemple l'œuvre de sa fureur. La tête de l'homme n'est plus qu'un amas de chair et de sang. Le visage n'existe plus. Prise de tremblements convulsifs, elle reste prostrée un long moment, les yeux absents.

Elle a tué un homme. Elle s'attend à encourir la colère des puissances invisibles. Pour les siens, celui qui prend la vie d'un être humain est passible de graves sanctions car il expose le clan à la rancune du mort, de sa famille et des esprits attachés à sa personne. Des rites compliqués et aléatoires doivent être mis en œuvre pour apaiser cette légitime colère, en tenant compte des exigences de la famille du défunt qui peuvent aller jusqu'à réclamer la mise à mort de l'auteur des faits. C'est au chaman qu'il appartient d'évaluer les forces en présence et de tenter d'apaiser le courroux des esprits.

Aki essaye de se raisonner. Elle se dit qu'elle a tué pour défendre sa vie et celle de son enfant. Mais le chasseur était blessé à mort. Il ne pouvait rien contre elle. Il lui suffisait de partir avec son enfant. La frénésie meurtrière dont elle a fait preuve l'effraie.

Le regard de la jeune femme se porte sur les corps qui gisent dans leur sang. Ao vit encore. Elle voit sa poitrine se soulever. Le côté gauche de son visage est très enflé. L'œil disparaît presque entièrement sous les boursouflures violacées.

Une sagaie est fichée dans sa cuisse. Un filet de sang s'écoule de la blessure. Aki réussit à briser la hampe de l'arme. Ao gémit. Elle décide de le traîner jusqu'à la caverne. Arc-boutée sur ses jambes, elle tire de toutes ses forces. Il semble rivé au sol. Elle s'acharne, sourde aux pleurs du bébé affamé, attaché sur son ventre. La tête de l'homme heurte les cailloux. Il geint faiblement.

Survivra-t-il à un tel traitement ?

Elle doit se dépêcher. Dès la tombée de la nuit, alertées par l'odeur du sang qu'elles perçoivent à des distances fabuleuses, les hyènes vont rappliquer. Elle poursuit son effort, ne s'accordant que de courtes pauses pour reprendre son souffle et reposer ses bras.

Il fait de plus en plus sombre. Elle n'est qu'à mi-distance entre le lieu du combat et l'entrée de la grotte lorsqu'elle aperçoit les yeux des grands charognards briller dans la pénombre crépusculaire. Silencieux, ils ont formé un cercle qui se resserre lentement autour des cadavres des hommes oiseaux.

Affolée, Aki est tentée d'abandonner Ao. Il ne bouge plus. Il est peut-être mort. Elle a fait ce qu'elle a pu pour lui. Mais elle ne peut s'y résoudre. Elle lui doit la vie. Alors qu'il pouvait s'éclipser, cet être singulier s'est résolu à affronter trois hommes pour la sauver. Malgré sa force, il ne pouvait ignorer que la mort était l'issue probable de ce combat inégal !

Homme ancien ou créature des esprits, peu importe ! Aki ne laissera pas les hyènes le dévorer.

Elle dispose d'un sursis. Pour l'instant, elles ne s'intéressent pas à eux. Dans un concert de claquements de mâchoires et d'os brisés, entrecoupé de ricanements sinistres, les hyènes ont entamé leur festin. Aki redouble d'ardeur. Pas après pas, elle s'approche de son objectif.

Alors qu'elle s'apprête à se glisser sous les rochers, un grand mâle s'enhardit. Elle lâche un instant le corps inerte d'Ao et se dresse devant lui en criant. L'animal recule un peu. Elle ramasse une pierre et la jette dans sa direction. Touchée au museau, l'hyène émet un grognement de douleur et se replie précipitamment. Aki en profite pour tirer Ao à l'intérieur du passage. Elle l'abandonne quelques instants pour aller mettre son bébé à l'abri afin d'être plus libre de ses mouvements. À son retour, elle voit la bête se profiler dans l'ouverture. Elle sent son odeur nauséabonde. Les vociférations de la jeune femme et les pierres qui s'abattent sur elle la contraignent une nouvelle fois à battre en retraite. Aki ne perd pas de temps. D'autres hyènes ont rejoint leur congénère. Elle perçoit leur souffle et distingue les silhouettes massives qui défilent devant l'entrée. Heureusement, une seule à la fois peut pénétrer dans le tunnel. Elle tire et pousse, s'efforçant de préserver la tête de l'homme inanimé des chocs contre les rochers. Malgré la fraîcheur de la nuit, la sueur ruisselle sur son visage. Elle parvient à franchir le passage le plus étroit. À l'aide des nombreux fragments de roche qui jonchent le sol, elle obture tant bien que mal la voie derrière elle. Après quelques incursions, les hyènes renoncent à ces proies et retournent s'acharner sur les restes des trois hommes oiseaux.

Exténuée, Aki atteint enfin le seuil de la petite cavité où résonnent les cris rageurs du bébé. La dépouille de l'ours blanc est restée accrochée à une aspérité de roche et l'homme est nu. La vie est toujours en lui mais sa respiration est saccadée. Son œil gauche disparaît dans les boursouflures. Elle palpe sa tête pour déceler une éventuelle fracture. L'homme gémit mais son crâne est intact.

Rassurée, la jeune femme extrait d'un geste vif la pointe en silex enfoncée dans la cuisse. Ao tressaille et gémit à nouveau. Le sang ruisselle. Aki coupe un morceau de son propre vêtement et l'applique sur la plaie. Elle contemple le corps de l'homme blessé, ses muscles saillants, ses membres robustes aux articulations épaisses. Sa toison est peu fournie et ne recouvre pas entièrement le corps. Sa peau est un peu plus claire que la sienne. Son sexe est semblable à celui des autres hommes. Lorsque le saignement s'atténue un peu, elle va chercher le vêtement et la sacoche d'Ao restés dans le passage. Elle sectionne la bandoulière du sac et l'utilise pour maintenir le pansement sur la plaie. Puis elle recouvre le corps du blessé avec la peau d'ours. Ao ouvre les yeux et la dévisage quelques instants en silence, avant de les refermer.

Le bébé continue de réclamer son dû. Après l'avoir nourri, elle ne tarde pas à s'endormir, exténuée. C'est la faim qui la réveille. Tout son corps est endolori. L'homme gît toujours à la même place.

Aki laisse couler un filet d'eau entre ses lèvres. La gourde sera bientôt vide. Avec l'arrêt de la pluie, les ruisseaux se sont taris. Il va falloir qu'elle parte à la recherche d'eau et de nourriture. En attendant, elle s'occupe de son petit. Entre deux tétées, elle somnole. Elle attend d'avoir bu la dernière goutte d'eau pour se résoudre à sortir.

Le jour est levé depuis longtemps. Les hyènes sont parties. Seuls les crânes et quelques os épais ont échappé à leurs puissantes mâchoires. Un couple de renards dispute aux grands corbeaux les rares lambeaux de chair oubliés. Aki récupère son couteau et la sagaie de l'un des chasseurs tués par Ao. Elle marche dans la direction qui devrait la mener au fleuve. Le bébé dort, bercé par le pas de sa mère.

Le soleil a disparu derrière l'horizon lorsqu'elle parvient au bord du canyon où s'était arrêté Ao. Elle passe la nuit sans dormir dans les plus hautes branches d'un vieux pin planté à mi-pente dans la rocaille. Au moins est-elle à l'abri des fauves dont elle entend les cris !

À l'aube, des animaux viennent boire dans les petites vasques du torrent. Les premiers sont une maman ours avec ses petits. Aki rit en voyant les deux oursons chahuter dans l'eau sous l'œil indulgent de leur mère. Ils cèdent la place à un renard furtif. Un peu plus loin, un petit groupe de bouquetins descend le raidillon en direction de la rivière. Aki relève la présence de deux chevreaux, dont un très jeune animal, collé à sa mère. Ils n'ont pas repéré la jeune femme, masquée par la végétation. Aki progresse en diagonale, se dissimulant derrière les rochers qui parsèment la pente. Elle serre son bébé avec son bras gauche, ses doigts crispés sur une lourde pierre qu'elle a ramassée, sa sagaie brandie dans sa main droite. Elle sait qu'elle n'a pas beaucoup de temps. Les véloces animaux ne vont pas s'attarder.

Une branche craque. C'est plus qu'il n'en faut pour provoquer la débandade. Comme l'espérait Aki, le plus jeune est resté en arrière. Sa mère s'est arrêtée à quelques pas et l'appelle à grands cris. Affolé, le petit animal s'extrait maladroitement de l'eau. Mais le redoutable bipède lui barre désormais le passage. Il émet une longue plainte angoissée. Aki retient sa respiration et lance la sagaie dans sa direction. L'arme ricoche sur son dos mais le choc suffit à le faire choir sur son arrière-train. Aki ne lui laisse pas le temps de se relever. Elle bondit vers lui et le frappe avec la pierre à coups redoublés. La femelle bouquetin est toujours là et continue d'appeler son petit. Aki s'émeut de la détresse de la jeune mère. Elle prononce les paroles rituelles des chasseurs. Elle demande pardon à l'esprit du bouquetin d'avoir pris sa vie.

Le chevreau n'est pas très lourd. Elle n'a aucun mal à le hisser sur ses épaules. Cette viande redonnera des forces à l'homme ancien. Elle rit.

Elle est de retour à la caverne à la tombée de la nuit. Ao est toujours en vie. La sueur inonde son visage. Sa peau est brûlante. Il est conscient. Ses yeux brillants se posent sur elle. Il boit l'eau qu'elle fait couler dans sa bouche. Aki examine sa blessure à la cuisse. La profonde entaille suppure. Mais elle ne sent pas l'odeur qui annonce la mort. Elle badigeonne la plaie avec de l'argile prélevée en chemin. La terre collante est connue pour absorber les forces malignes qui pénètrent à l'intérieur des corps par les blessures. C'est un très jeune homme. Il survivra.

Sa soif apaisée, Ao ferme les yeux et replonge dans sa léthargie. Par moments, il s'agite sur sa couche pour affronter des ennemis invisibles. Il ouvre les yeux chaque fois qu'Aki vient lui donner à boire. Pour plus de commodité, elle s'est installée à côté de lui.

Après plusieurs jours, la fièvre décroît.

Ao se sent mieux ce matin. Il parvient à mouvoir sa jambe raide et douloureuse. Il essaye de se lever, mais il est encore trop faible et doit se résigner à se recoucher. Il revit les péripéties du combat avec les hommes oiseaux.

Il n'est pas parti lorsqu'ils sont arrivés. Il s'est comporté comme si la femme et l'enfant avaient appartenu à son clan. Il renonce à comprendre pourquoi. Malgré sa blessure, il est content. Il regarde Aki, recroquevillée à côté de lui, le corps lové autour de son petit. Ils dorment paisiblement.

Il était à la merci du troisième chasseur. Seule l'intervention de cette femme peut expliquer qu'il soit toujours en vie. Il mesure l'opiniâtreté dont elle a dû faire preuve pour le traîner jusqu'ici. Une odeur de viande fraîche flatte ses narines, provoquant un cataclysme dans son estomac vide.

Le bébé s'agite. Il tente de s'extirper de sa prison de bras et de fourrure. Sa petite tête rouge pointe et son regard aveugle se pose sur le garçon qui l'observe. Il cherche son pouce mais, chaque fois qu'il est sur le point de le trouver, il le perd. Ao saisit la minuscule main entre ses gros doigts et l'approche de la bouche du bébé. Aki se réveille brusquement. Elle a un mouvement de recul en voyant l'homme ours penché sur elle. Ao retire aussitôt sa main et s'écarte pour lui laisser la place, conscient de l'effroi qu'il a lu dans ses yeux. Aki veut dissiper la gêne qui s'est instaurée entre eux. Elle lui tend son enfant à bout de bras avec un sourire engageant pour l'inciter à le prendre. Un peu intimidé, Ao s'en saisit. Nullement impressionné, le petit se met à triturer son visage encore tuméfié. Ao gronde. Le bébé lui répond par de grands sourires ponctués de gazouillements de satisfaction.

L'homme prononce quelques mots dans sa langue qui font la joie de l'enfant. Aki rit.

Ao se réjouit de son alliance avec cette femme. Il remercie mentalement les esprits qui ont organisé cette rencontre insolite. Désormais, la femme et son petit sont sous la protection d'Ao. Lorsqu'il aura récupéré, il chassera pour eux. Mais sa blessure est profonde et il devra patienter encore de nombreuses journées avant de retrouver toute sa mobilité.

Aki l'observe avec attention. Il lui tarde de connaître l'histoire de sa vie et de savoir où se trouve le mystérieux territoire de son clan, peuplé d'ours blancs et d'autres animaux étranges. Elle essaye de l'interroger.

Ao la regarde s'agiter en écoutant les sons incompréhensibles qui sortent de sa bouche.

Aki s'impatiente. Elle répète plusieurs fois son nom en articulant les syllabes et en montrant sa poitrine.

— Aaa… kiii…

Ao essaye d'imiter le mouvement de bouche de la jeune fille, mais il a du mal à prononcer le son « i ». Il a aussi du mal à associer les trois syllabes.

— Aâ… kaaa.

Mais la jeune femme est ravie de ses efforts et se contente de ce résultat. Elle manifeste sa joie en tapant des mains sur ses cuisses. Encouragé, le garçon lui indique son propre nom ou du moins celui qu'elle pourra lui donner, le nom des anciens hommes.

— Ao.

Ainsi, ils ont aussi des noms ! C'est facile à prononcer !

— Ao !

Avec force gestes, elle lui demande :

— D'où viens-tu, Ao ?

La jeune femme se méprend sur son silence. Elle se dit qu'elle doit faire preuve de patience. Si leur association se prolonge, elle aura le temps de lui apprendre des rudiments du langage de son clan.

Ao a très bien compris. Mais comment lui répondre sans évoquer le sort tragique des siens ? Pour faire revivre tous les événements qui l'ont conduit jusqu'ici, il doit d'abord récupérer sa souplesse.

En attendant, il mange avec appétit et s'astreint à des exercices et à des séances de marche quotidienne de plus en plus longues.

Aki est retournée chasser plusieurs fois sur les berges du torrent. Grâce à des pièges tendus dans la végétation qui borde le rivage, elle ne revient jamais bredouille. Aujourd'hui, deux canards sont suspendus à une perche maintenue sur son épaule.

Aki aperçoit Ao qui marche dans sa direction. De sa blessure, ne subsiste plus qu'une légère claudication. Le garçon la soulage du poids des oiseaux. Elle se réjouit de constater qu'il a retrouvé l'usage de sa jambe. Sans l'avouer, les longues marches à travers le plateau avec son bébé de plus en plus lourd – qu'elle est contrainte d'emmener pour pouvoir l'allaiter –, le gibier sur son dos et l'outre d'eau en bandoulière, l'épuisent. Elle passe le reste du temps à dormir pour reprendre des forces avant l'expédition suivante ! Elle a désormais hâte que l'homme prenne le relais pour pouvoir récupérer et consacrer plus de temps à son petit.

Ao s'agite à ses côtés pour capter son attention. Il a posé son chargement et lui fait signe de s'arrêter. Aujourd'hui, il veut répondre à sa question. Elle ne comprend pas tout de suite ses intentions. Les yeux du garçon se plongent dans les siens, comme s'il voulait l'inviter à l'accompagner quelque part, à pénétrer dans un monde inconnu. Ses premiers gestes sont un peu lents, suspendus à travers l'espace. Cela fait longtemps qu'il n'a plus dansé et sa cuisse, bien que guérie, a conservé une certaine raideur. Mais, peu à peu, son corps retrouve sa souplesse et sa puissance évocatrice. Ses bras, ses jambes, ses mains, ses yeux, sa bouche, son corps tout entier se mobilise pour faire revivre l'histoire des premiers hommes qui se sont installés aux abords de la toundra.

Aki connaît les danses rituelles pratiquées au sein de son clan. Mais elle n'a jamais vu une telle danse !

Les gestes se multiplient, tantôt lents, tantôt rapides, ponctués de sonorités variées, donnant vie à des êtres différents qui se succèdent.

Elle voit les anciens hommes, les femmes, les enfants, les vieux.

Ils marchent fièrement le long du fleuve et s'aventurent loin dans la toundra derrière les chevaux, les bisons et les rennes, plus rarement les gigantesques mammouths. Ils sont nombreux et les chasseurs ne rentrent pas bredouilles. Avec eux, elle passe l'hiver dans les vallées abritées où vivent aujourd'hui les hommes oiseaux. Elle participe aux cueillettes et se gave de miel et de baies sucrées.

Elle subit l'arrivée des hommes oiseaux. Ils s'installent à leur tour dans les vallées. Ils ne comprennent pas le langage des anciens hommes. Peut-être n'ont-ils aucune envie d'essayer de les comprendre. Ils sont belliqueux et féroces. Ils multiplient les embuscades contre les chasseurs isolés ou profitent de leur absence pour tuer des femmes, des vieillards, des enfants. Malgré leur résistance acharnée, les anciens hommes sont contraints de céder peu à peu la place.

Elle participe à l'errance du clan. Elle ressent, elle aussi, le froid et la faim. Elle les voit mourir les uns après les autres. Ao s'attarde sur le formidable combat mené par son père contre l'ours blanc, là-bas, quelque part, loin vers le nord. Il ne reste plus que lui. Elle comprend qu'il est revenu sur l'ancien territoire de son peuple pour retrouver ceux qui ont survécu. Elle s'étonne de la facilité avec laquelle elle interprète les événements mimés par son compagnon.

Elle revit l'incursion de l'homme ours dans le camp des hommes oiseaux. Elle suit Ao dans sa fuite à travers les gorges et disparaît avec lui dans les entrailles de la terre.

La jeune femme est émue. Elle compatit au sort tragique des anciens hommes. Songeuse, elle s'attarde parmi eux. Elle voudrait exprimer son sentiment, encourager Ao, lui dire que les chasseurs de son clan sont différents des hommes oiseaux, qu'ils ne tuent pas leurs semblables. Mais ses gestes sont gauches. Ils n'ont pas le pouvoir d'évocation de ceux de son compagnon.

Elle essaye de lui faire comprendre qu'elle aussi a fui les hommes oiseaux, qu'elle compte retrouver son clan, en bordure d'un grand lac, au pied des montagnes qui touchent le ciel. Avec anxiété, elle lui demande s'il va par là.

Ao acquiesce. Il répond qu'il accompagnera la femme jusqu'au territoire de son peuple. Il chassera pour elle et les nourrira, elle et son petit. Il les protégera de la fureur des hommes oiseaux et de l'avidité des prédateurs.

Un immense soulagement envahit la jeune femme. Les mots qui expriment la gratitude sont sur ses lèvres mais elle ne dit rien. Ao ne connaît pas ces mots. Silencieux, ils cheminent jusqu'à l'entrée de la grotte. Elle réalise soudain à quel point elle est épuisée. Avec délice, elle s'allonge sur sa couche. Elle n'entend plus que la paisible respiration de son enfant qui dort sur sa poitrine. Pour la première fois depuis son départ, elle s'abandonne sans réserve au sommeil.

VII

Ao et Aki cheminent le long du fleuve. Ils l'ont atteint la veille. Cela fait longtemps qu'ils ont quitté leur refuge sous les rochers. Il fait chaud. C'est le cœur de l'été. Les grands troupeaux d'herbivores ont migré vers le nord afin de se soustraire un peu aux myriades d'insectes et profiter du retrait de la neige pour brouter le lichen et l'herbe rase de la toundra.

La faune est suffisamment riche autour du fleuve pour assurer leur subsistance. Les berges abritent de nombreuses espèces d'oiseaux et quelques petits mammifères. On y trouve aussi des plantes comestibles, feuilles, racines et baies.

Ils avancent vite, profitant de cette relative abondance pour ne pas s'encombrer de provisions, se nourrissant au jour le jour au gré des opportunités, n'hésitant pas à s'arrêter de longs moments pour nettoyer les vêtements du petit, lui permettre de se dégourdir et de barboter dans les petites vasques du rivage, réchauffées par le soleil.

Plus tard, ils chercheront un abri pour passer la mauvaise saison. Il sera encore temps d'accumuler des réserves pour deux personnes.

Aki est joyeuse. Elle ne manque pas de lait. Son bébé grandit à vue d'œil.

Pour échapper au harcèlement des moustiques, très nombreux aux alentours du fleuve et des marécages qui s'étendent parfois sur ses berges, ils s'enduisent le corps d'un mélange d'argile et de graisse. La nudité de la jeune femme ne semble pas éveiller le désir du garçon. En toute occasion, il maintient ses distances.

Aki est partagée entre le soulagement et le dépit. Elle a conscience de ses attraits, de son corps robuste, de sa vivacité et de sa dextérité dans l'accomplissement des tâches dévolues aux femmes, qui la rendent désirable aux yeux des hommes de son clan. Bien des femmes auraient souhaité partager la couche d'Aytamak, le père de l'enfant qu'elle a mis au monde !

Elle s'étonne de l'apathie d'Ao. À cet âge, les garçons sont pleins de sève et manifestent beaucoup d'intérêt pour les filles ! Aki n'a peut-être pas, pour lui, l'attrait des femmes de son peuple ! Ou alors doit-elle y voir un témoignage de respect à son encontre ?

Elle a pourtant du mal à imaginer tant d'égards de la part de ce jeune homme taciturne qui n'aurait aucun mal à la contraindre et dont les exigences seraient par ailleurs tout à fait légitimes !

N'est-il pas désormais l'homme qui la nourrit et la protège, elle et son enfant ?

Parfois, elle sent qu'il l'observe en silence. Elle se surprend à guetter un signe ou une attitude qu'elle puisse interpréter comme une invitation, une marque d'envie. Elle ne lit rien d'autre dans son regard que la curiosité. Elle ignore tout des mœurs de son peuple. Mais ces considérations ne l'affectent pas vraiment. Même au rythme où ils progressent, quand ils s'arrêteront pour passer la mauvaise saison, ils ne seront plus très loin du territoire des hommes du lac. Lorsque le grand gel se retirera à nouveau dans les montagnes, il leur faudra moins d'une lune pour y parvenir. L'évocation de cette perspective encore lointaine la réjouit. La présence rassurante d'Ao à ses côtés renforce ses certitudes. Sous sa protection, rien ne peut lui arriver. Les hommes oiseaux ont probablement abandonné la poursuite. Ils attendent peut-être encore le retour des trois chasseurs envoyés à sa recherche sur le plateau ! Ils ignorent qu'Ao est toujours en vie. Comment pourraient-ils imaginer qu'une femme seule, enceinte ou encombrée d'un nourrisson soit capable de tuer des chasseurs aguerris ?

Aki et Ao ont pris soin d'effacer toute trace de leur passage. Il est peu probable qu'ils découvrent jamais les restes des trois chasseurs réduits à quelques fragments osseux enfouis sous les pierres ! Leur disparition restera un mystère ! Quant à elle, ils finiront par conclure à sa mort, car aucun d'eux ne serait capable de concevoir la survie d'une femme seule au-delà de quelques jours. Aki jubile en se représentant la fureur et la perplexité de ces hommes cruels. Ils n'ont pas fini de s'interroger et d'interpeller les esprits à propos de cet événement inexplicable !

Ao et Aki parviennent maintenant à communiquer en utilisant un jargon rudimentaire qu'ils inventent au jour le jour en associant des gestes à des sonorités issues de leurs langues respectives.

Chacun tente de pénétrer à sa façon le monde inconnu de l'autre, mystérieux et parfois incompréhensible, mais aussi étonnamment semblable. Ils prennent conscience que le gouffre qui semblait les séparer n'est pas aussi profond qu'ils le croyaient.

Ao est impressionné par l'habileté et les compétences de sa compagne. Certaines des techniques dont elle use sont cependant voisines de celles utilisées par les siens.

Les procédés de conservation des aliments, les substances qu'ils utilisent pour traiter les peaux et les rendre imputrescibles sont de nature comparable.

Bien que ne disposant pas de la totalité des connaissances accumulées par les siens au cours des générations, Ao compense cette carence relative par une curiosité et une faculté de mémorisation au moins égales à celles de sa compagne. L'un et l'autre se réfèrent respectivement à un système de classification complexe qui leur est propre, au sein duquel les choses animées et inanimées appartenant à leur environnement trouvent leur place.

Ao s'est vite rendu compte qu'il ne pouvait rivaliser avec la dextérité manuelle de sa compagne. En dépit d'une pratique jusque-là limitée à la confection de certains outils destinés à l'usage des femmes, ses aptitudes à la taille de la pierre et de l'os lui permettent de réaliser des armes de belle facture. Quelques manipulations ont suffi à convaincre Ao que leur finesse et leur apparente fragilité n'enlevaient rien, bien au contraire, à leurs performances, largement équivalentes, parfois même supérieures, à celles de ses propres réalisations moins abouties et généralement polyvalentes. Pourtant la jeune femme paraît souvent insatisfaite de son œuvre, en quête d'une perfection dans la forme, génératrice d'un pouvoir dont l'existence s'impose à lui comme une évidence. Captivé, il ne se lasse pas de suivre les gestes avec lesquels cette femme semble imposer sa volonté à la matière, parvenant à faire surgir de la pierre et de l'os des lames acérées, des pointes et des fines épingles dont elle se sert pour fermer les vêtements. À chaque réalisation correspond un usage particulier.

La jeune femme n'est pas avare de son savoir-faire. Elle ne montre aucun mépris pour les œuvres plus rudimentaires mais efficaces de son compagnon. Elle manifeste beaucoup d'intérêt pour la fabrication des bolas, boules façonnées dans la roche, reliées entre elles par des lanières en cuir, armes redoutables, capables d'enrayer la course d'un herbivore à distance.

Aki apprend à son compagnon la technique du nœud coulant utilisée par les hommes de son clan pour piéger le petit gibier. Ao découvre aussi comment entrelacer les rameaux de saules pour confectionner de solides récipients destinés au transport de la nourriture.

Le jeune homme a été très impressionné par la pierre à feu qui provoque une gerbe d'étincelles lorsqu'on la heurte contre un rognon de silex.

Il ignorait que le feu se cachait aussi dans la pierre.

Ao sait aussi faire naître le feu en échauffant du bois par friction jusqu'à l'obtention de minuscules braises, opération délicate qui nécessite parfois plusieurs tentatives. Dès leur plus jeune âge, les anciens hommes sont initiés à cette technique.

Pendant l'hiver, les feux brûlent sans interruption dans les camps. Le feu est l'objet de toutes les attentions de la part des anciens hommes. C'est un membre du groupe à part entière. Sa nourriture préférée est le bois mais il s'accommode des bouses ramassées dans la toundra. Il peut aussi se contenter de la graisse des animaux. Ao se souvient de l'angoisse des siens lorsque, au cœur de l'hiver, ils n'avaient plus rien à donner à manger au feu.

Ao continue de fasciner et d'étonner Aki. Il semble ressentir ses émotions les plus intimes. Ce qu'elle avait pris d'abord pour une forme d'apathie est au contraire un état permanent d'éveil et d'attention, qui le rend réceptif aux plus subtiles modifications de son environnement.

Ses sens sont particulièrement développés. Il voit, entend et sent ce qui n'existe pas encore pour elle.

Paradoxalement, elle a parfois le sentiment qu'il ne comprend pas certaines questions, pourtant simples, qu'elle s'évertue à lui poser, que ce soit en utilisant les mots rabâchés à longueur de journée à son intention ou en essayant d'utiliser des gestes ou des sonorités issus de son propre langage. Son comportement la laisse perplexe. Elle a l'impression de se heurter à un mur d'incompréhension. Le plus souvent, il demeure le regard absent, comme s'il n'était pas concerné, alors qu'il ne l'a pas quittée des yeux pendant qu'elle le questionnait. Parfois il rit ou la dévisage d'un air interrogateur. En d'autres occasions encore, il affiche un air consterné, grommelle et gesticule, apparemment contrarié. Il lui pose peu de questions, se contentant de suivre des yeux ses moindres faits et gestes.

Pour transmettre une information ou raconter un événement, les anciens hommes utilisent largement le mime et la danse en reproduisant des scènes qui interpellent directement l'imaginaire de leurs congénères. Certaines émotions sont exprimées et perçues sans nécessiter le recours à la parole.

Jusque-là, Ao a survécu. Il a assimilé des connaissances dans l'urgence, mais il a surtout laissé se développer son instinct, et son comportement ne reflète pas toujours l'attitude ordinaire des hommes de son peuple. Certaines pratiques ancestrales, reléguées dans la mémoire des anciens, ne lui ont pas été transmises ; des tabous ont été transgressés. Contraints de faire face à l'hostilité des hommes nouveaux, de se déplacer sans cesse et d'essayer de s'adapter à un environnement extrême, les siens avaient adopté des comportements uniquement liés à leur survie. En même temps, l'incursion sur leur territoire de ces êtres, à la fois différents et semblables, les avait conduits à reconsidérer leur place dans le monde. Des certitudes avaient été délibérément ignorées ou remises en question.

Ainsi, l'esprit d'Ao n'a pas la rigidité de celui de ses congénères qui ont vécu avant l'arrivée des hommes nouveaux. Habitué depuis ses plus jeunes années à réfléchir pour inventer des moyens de survivre au jour le jour, il a développé une faculté d'adaptation libérée du poids de certaines croyances.

Ao se tait mais rien ne lui échappe. Il est comme la mousse qui se gorge d'eau au printemps. Il s'imprègne des informations que la jeune femme lui dispense, consciemment ou parfois à son insu. Il s'efforce d'enregistrer le plus de mots possible. Même s'il ne parvient pas toujours à les répéter, il saisit déjà le sens de nombre d'entre eux et de quelques associations simples, convaincu du pouvoir qui habite cette profusion de sonorités. Ao perçoit la frustration d'Aki. S'il a encore du mal à comprendre certaines de ses questions ou à formuler des réponses, parfois il ne sait tout simplement pas quoi répondre, soit que la question lui paraisse étrange ou saugrenue, soit qu'elle suscite en lui des réflexions nouvelles auxquelles il s'abandonne, laissant son esprit se perdre et vagabonder dans des contrées inexplorées, indifférent à l'impatience et aux efforts de sa compagne pour capter à nouveau son attention.

Plutôt que de manifester son impuissance à satisfaire sa curiosité, il préfère s'isoler dans un mutisme qu'elle interprète à sa manière.

Il arrive que le harcèlement dont il est l'objet l'exaspère et qu'il se fâche. Elle se comporte comme les femmes avec leur progéniture. Ao n'est pas un enfant.

Il appartient à l'ancien peuple des chasseurs de la toundra.

Pour l'instant, Ao n'a décelé aucun signe de présence humaine dans le voisinage du fleuve. Aki espère qu'il l'accompagnera jusque sur le territoire de son clan. Elle lui a assuré que les siens ne lui témoigneraient pas d'hostilité.

Ao a confiance en elle. Il s'est attaché à cette femme et à son nourrisson. Désormais, celui-ci lui témoigne sa joie chaque fois qu'il le prend dans ses bras.

Il éprouve un sentiment confus à l'égard de sa compagne.

Au sein des clans, les hommes et les femmes connaissaient rarement une intimité comparable à la leur. Chez les anciens hommes, les couples n'ont pas la possibilité de s'isoler. La promiscuité est totale.

À l'intérieur d'un territoire immense, peu nombreux, disséminés en petites bandes, ils se déplaçaient au rythme de l'épuisement des ressources, des mouvements du gibier ou encore de modifications climatiques. Le nombre d'individus à l'intérieur d'un clan fluctuait en fonction des circonstances, de nouveaux groupes se formaient, certains fusionnaient ou se scindaient. Tous ces clans étaient apparentés. Mais au-delà des parentés directes, les liens qui unissaient les individus n'étaient pas mémorisés. Constitués autour de l'association de deux ou trois couples et de leur progéniture, ces groupes, dans certaines conditions particulières, se rassemblaient pour former des clans assez importants qui se maintenaient parfois au-delà de rassemblements éphémères, permettant l'organisation de chasses collectives. Mais les hommes anciens n'avaient pas développé de structure sociale qui leur permette de maintenir une cohésion à l'intérieur de grandes communautés. Un groupe ne dépassait pas une trentaine de membres et se réduisait le plus souvent à quelques individus.

L'équilibre vital était préservé de nombreuses façons : de l'élimination des nourrissons et de l'abandon des vieillards (quand les chasseurs ne parvenaient plus à assurer leur subsistance sans mettre leur vie et celle du clan tout entier en péril) à des échanges d'individus entre clans. Seule l'union entre l'homme et la femme se maintenait en général jusqu'à la mort de l'un des partenaires.

Sans donner lieu à des cérémonies particulières, cette alliance était le lien qui fondait toute la société des anciens hommes. Cette relation correspondait à une véritable association avec une répartition précise des tâches induisant une étroite dépendance de l'un envers l'autre. Mais les exigences vitales, inhérentes à un environnement rude, contraignaient souvent les hommes et les femmes à adopter, pour survivre, de manière transitoire ou durablement, des comportements particuliers, habituellement prohibés. Parfois, deux chasseurs pouvaient être amenés à partager la même femme, comme il arrivait aussi, plus rarement, qu'un seul homme soit lié à plusieurs femmes. Ces situations faisaient suite à la mort de l'un des partenaires. Les rencontres avec d'autres clans permettaient de rééquilibrer la situation.

L'intégration d'un nouveau membre se réalisait en fonction des besoins du groupe et de sa capacité à s'étendre. Si un endroit s'avérait giboyeux et riche en végétaux comestibles, le groupe s'agrandissait jusqu'à ce que l'appauvrissement de ce territoire ne le contraigne à décroître ou à se scinder.

Lorsque le surnombre de l'un ou l'autre sexe était le fait d'individus âgés qui ne pouvaient être absorbés par d'autres groupes, leur survie individuelle dépendait de leur capacité à participer à l'approvisionnement de la communauté. Mais là encore, il existait des cas particuliers. Il n'était pas rare que des enfants en surnombre ou des individus âgés, constituant une charge pour le clan, soient épargnés, obligeant les adultes à accroître leurs propres activités ou à restreindre leur consommation pendant un certain temps. Mais les chasseurs gardaient toujours le contrôle de la situation et le pouvoir de décision leur appartenait.

Malgré une implantation très ancienne, l'existence des anciens hommes restait précaire. Leur dépendance envers l'environnement était supérieure à celle des nouveaux arrivants, dotés d'une organisation sociale et de techniques leur permettant un accès à des ressources plus abondantes, avec une dépense d'énergie moindre.

La quête quasi permanente de nourriture impliquait la mobilisation du groupe tout entier. Il restait peu de temps à consacrer à des activités non vitales. Les rencontres avec d'autres clans, très appréciées, étaient mises à profit pour organiser des chasses collectives, échanger des informations sur le gibier, les végétaux et les gisements de silex ou de matériaux dont ils avaient l'usage, mais aussi pour danser et raconter les visions, les événements marquants et les exploits individuels qui permettaient aux uns et aux autres de se mettre en valeur et de trouver un partenaire.

La danse était aussi un moyen d'accès privilégié au rêve, considéré comme un voyage de l'esprit en compagnie du vent, être fantasque et omnipotent régnant sur les vivants et les morts entre lesquels les anciens hommes ne faisaient guère de distinction.

Certaines individualités du clan étaient consultées plus que d'autres mais sans bénéficier de privilèges ou d'un statut particulier au sein de la communauté.

Les conflits à l'intérieur des groupes étaient rares. En matière d'union, le consentement des femmes était la règle. Le compagnon habituel de la mère était toujours considéré comme le père de ses enfants.

Les enfants bénéficiaient de l'indulgence et de l'affection de leurs parents. Le couple n'existait pas sans une attirance réciproque et les relations entre les hommes et les femmes n'étaient pas exemptes de tendresse.

Restée seule, une femme jeune pouvait être prise en charge par un groupe sans s'allier nécessairement avec un chasseur.

Ao n'ignore pas les signes par lesquels les hommes et les femmes se témoignent mutuellement l'envie qu'ils ont de s'accoupler. Il n'en a relevé aucun de la part de sa compagne ou tout autre qu'il eût pu interpréter en ce sens.

Certains indices annoncent l'approche de la mauvaise saison. Les nuits sont de plus en plus froides, les insectes moins virulents. Par petits groupes, les grands herbivores commencent à se diriger vers le sud.

Pour Ao et Aki aussi, le moment est venu de chercher un lieu propice pour affronter la mauvaise saison. Il leur reste encore assez de temps pour trouver un abri et amasser quelques réserves, mais il ne faut plus tarder. Dans ces régions septentrionales, l'hiver survient brusquement.

L'homme et la femme ont profité d'un gué pour traverser le cours d'eau et explorer le secteur vallonné qui s'étend de l'autre côté. En remontant un affluent qui serpente entre les collines, ils ont trouvé un vallon où s'est implantée une colonie de bouleaux. En l'absence de grottes ou d'abris sous roche, ils ont choisi de s'installer là. Cette présence d'une quantité inhabituelle de ces arbres courageux, réputés bienveillants pour les humains, leur semble un signe favorable.

Sur les hauteurs des pentes peu escarpées, les bouleaux ont cédé la place à des pins. Postés à intervalles réguliers à la périphérie de la vallée, on dirait qu'ils montent la garde. Quelques saules se sont établis le long du ruisseau. La situation est paisible. À certains endroits, l'espacement entre les bouleaux est plus important qu'ailleurs. Aki et Ao jettent leur dévolu sur une petite clairière, cernée par des arbres vigoureux, idéalement positionnés pour constituer les piliers d'un abri.

Aki caresse les troncs parcheminés. Elle a de l'affection pour ces êtres pacifiques. Elle écoute le murmure des feuillages. Ici, ils seront en sécurité, sous la protection de l'un des plus anciens habitants de la terre.

En associant la pierre, la terre, le bois et des peaux accumulées depuis un certain temps, ils érigent un abri spacieux et solide entre les arbres, en ménageant une large ouverture au sommet pour l'évacuation de la fumée du foyer. À l'intérieur, ils disposent des branches prélevées dans la ramure des pins qui les isoleront de la froideur du sol.

Ao a relevé les traces de petites bandes de rennes dans les vallées voisines. Ils ont tôt fait de repérer un parti de quelques individus. Ao fait un large détour pour ne pas être éventé par ces animaux craintifs, tandis qu'Aki tente de les rabattre vers lui. Mais les sommets dénudés des collines et l'absence d'obstacles naturels permettent aux rennes de déjouer le piège qui leur est tendu en s'égaillant dans toutes les directions. Patiemment, Ao et Aki renouvellent l'opération. Leur persévérance finit par être couronnée de succès. Plusieurs animaux se dirigent droit vers la crête derrière laquelle s'est dissimulé Ao. Lorsque les premiers parviennent jusqu'à lui, il se dresse devant eux, provoquant une débandade. Mais pendant un court instant, les animaux formant l'avant-garde se sont immobilisés sous l'effet de la surprise avant de refluer vers l'arrière, assez longtemps, toutefois, pour permettre au chasseur de lancer ses bolas d'une main sûre dans les pattes arrière de l'animal le plus proche. Le renne, fauché en plein élan, s'abat et roule sur le côté. Ao se précipite vers lui et plonge son épieu dans son flanc, le tuant sur le coup.

Il accomplit les gestes rituels, témoignant à l'esprit du renne sa gratitude pour avoir accepté de lui offrir sa chair. L'animal est saigné et dépecé sur place. Les jours suivants, ils parviennent encore à tuer cinq autres rennes.

Débitée en tranches, la viande est mise à sécher. Ainsi, elle se conservera jusqu'à l'hiver avant d'être entreposée dans des trous creusés autour de la hutte et recouverts de lourdes pierres.

L'été s'attarde. Aki et Ao en profitent pour récolter et stocker des racines comestibles et les dernières baies noires de la camarine, épargnées par les corneilles, minuscules arbrisseaux dont les petites feuilles vertes colorent les landes humides environnantes.

Prévoyants, ils accumulent de grandes quantités de bois mort à proximité.

Le vent du nord pénètre dans la vallée. Son retard semble l'avoir mis en colère et il souffle avec violence. Il apporte avec lui le froid et la neige. Il se faufile à travers les troncs, s'acharne contre les parois de l'abri.

Grâce aux pièges tendus dans les taillis de saules qui bordent la rivière, ils disposent encore de viande fraîche pendant un certain temps. Ainsi économisent-ils leurs réserves de nourriture. Puis le froid s'intensifie, les prises se raréfient.

L'un et l'autre se réjouissent de l'efficacité de leur association.

Le choix de cette petite vallée était judicieux. Le vent y souffle moins fort qu'ailleurs. Avec le feu qui brûle en permanence, bien nourris, ils ne souffrent pas du froid.

Ao passe de longs moments à jouer avec le bébé de sa compagne.

Ils mettent à profit leur confinement pour remettre en état leurs armes et leurs outils. Aki confectionne des couvertures avec les peaux qu'ils ont accumulées.

Après une longue période de tempête, le vent est tombé depuis plusieurs jours. Ao est sorti pour se dégourdir un peu les jambes comme il le fait chaque matin. C'est le cœur de l'hiver. Le ciel est couvert mais l'absence de vent atténue la sensation de froid. La fine couche de neige crisse sous ses pas. Son errance solitaire le mène jusqu'au fleuve. Il déblaie la neige qui recouvre sa surface gelée. La glace est solide. Il n'y a pas âme qui vive alentour. Il règne un silence total. Ao retrouve ses sensations de l'hiver précédent pendant son long périple solitaire à travers la toundra déserte. Une petite brise parcourt le fleuve gelé. Il aspire à pleins poumons l'air glacial.

Quelque chose attire son attention. Il y a des empreintes de pas sur l'autre rive. Peut-être l'occasion de se procurer de la viande fraîche ?

Les traces forment une ligne droite dans la neige. Intrigué, il s'approche. Il pousse un cri de stupeur en découvrant la forme des empreintes. Ce sont celles de pieds humains.

VIII

Ao est très excité. Il étudie les traces avec soin. La neige a cessé de tomber depuis peu. Trois êtres humains sont passés par là ce matin. Deux sont lourdement chargés car leurs pas s'enfoncent dans la couche neigeuse. Le troisième, un enfant ou une femme, s'applique à marcher dans leurs traces, vraisemblablement soucieux d'économiser ses forces.

En aval, dans la direction des pas, le fleuve bifurque vers la droite. Au-delà de ce méandre, Ao sait que la vue porte très loin. S'ils n'ont pas quitté la surface gelée du cours d'eau, il les verra. Effectivement, sitôt franchi le coude en question, il les aperçoit. Ils sont tout près. Ao se dissimule derrière les taillis enneigés qui bordent le fleuve pour les observer. Ils ne sont pas trois mais quatre. L'un d'eux est blessé. Il est couché sur un brancard maintenu par ses deux compagnons. Une femme ferme la marche. Ils ne transportent pas de gibier. Ils se sont arrêtés pour se reposer. Ils ne parlent pas et semblent abattus. Ce ne sont pas des anciens hommes mais ils n'ont pas non plus l'apparence des hommes oiseaux.

Perplexe, Ao hésite à se manifester. Il craint une réaction hostile à sa seule vue. Il décide d'aller informer

Aki. Avec le blessé, ils n'iront pas bien loin. Dès qu'il est hors de vue, il se met à courir.

Aki l'accueille avec un sourire. Elle est en train de jouer avec son bébé, qui gigote, nu, sur un tapis d'épaisses fourrures. L'enfant s'esclaffe en apercevant Ao.

La fébrilité de son compagnon n'échappe pas à Aki. Curieuse, elle le presse de l'informer des causes de son excitation.

Les longues journées en tête à tête leur ont permis d'améliorer le jargon qu'ils utilisent pour communiquer.

Ao relate sa rencontre surprenante :

— Il y a des hommes sur le fleuve, tout près. Ils sont trois avec une femme. L'un d'eux est blessé.

Intriguée, la jeune femme interroge son compagnon.

— Des hommes oiseaux ?

— Je ne crois pas.

— Décris-les-moi.

— Ils étaient loin. Je ne me suis pas approché pour éviter d'être repéré. Je n'ai pas bien vu. Il y avait un homme grand, déjà âgé. Le blessé et le troisième étaient plus jeunes. Le visage de la femme était en partie masqué par une bande de fourrure qui la protégeait du froid. Ils ne portent pas de plumes dans leurs chevelures ou sur leurs vêtements. Ils n'ont pas de gibier. Ils avancent très lentement.

Aki se tait, songeuse.

Qui sont ces gens ? Ao et elle ont sillonné les collines environnantes et les berges du fleuve. La présence d'un campement humain à proximité n'aurait pu leur échapper. Qu'est-ce qui a poussé ces hommes et cette femme à s'aventurer hors de leur territoire au cœur de la mauvaise saison ? Leur situation semble précaire, peut-être désespérée. Pourtant, ils n'ont pas abandonné le blessé !

Aki est curieuse. Ils n'ont rien à redouter de ces hommes. Si le vent se remet à souffler, à moins de trouver sans tarder un abri, ils ne survivront pas longtemps. Et encore faudrait-il qu'ils se procurent de la nourriture au plus vite ! Leur vie ne tient qu'à un fil.

Ao et Aki peuvent les aider. Leurs réserves sont abondantes. Leur hutte est assez spacieuse pour les abriter tous, au moins le temps de permettre au blessé de se rétablir.

— Tu as bien fait de ne pas te manifester. Ils n'ont peut-être jamais vu d'anciens hommes. Il est préférable que ce soit moi qui me montre la première.

Elle emmitoufle le bébé avant de le faire disparaître sous son manteau, maintenu par des lanières contre sa poitrine.

— Allons-y, décrète-t-elle.

Ao reprend la direction du fleuve. Aki lui emboîte le pas.

En peu de temps, ils rejoignent l'endroit où Ao les a vus. Aki distingue de minuscules points noirs sur le long corridor blanc.

Leur avance est faible. Ils progressent à pas lents.

Ao et Aki ont traversé le fleuve gelé. Ils marchent sur la rive opposée, courbés en deux, masqués par les buissons de saules enneigés. Ils parviennent ainsi à la hauteur des trois hommes. C'est seulement là qu'elle les reconnaît.

Stupéfaite, Aki écarquille les yeux. Elle secoue la tête pour dissiper ce qui ne peut être qu'une vision. Son cœur bat violemment dans sa poitrine. L'enfant, sensible à l'émotion de sa mère, s'agite dans son nid de fourrure. Sa petite tête, emmitouflée dans une cagoule, surgit par intermittence le long du cou de sa mère. Ao observe la jeune femme avec étonnement. Il l'interroge du regard. Mais elle ne le voit pas. Sa bouche s'entrouvre pour émettre quelques balbutiements incompréhensibles.

Soudain, elle retrouve l'usage de son corps. Sans se soucier d'Ao, elle se fraye frénétiquement un passage entre les arbustes et s'engage à découvert sur le fleuve gelé en direction du petit groupe. Des cris finissent par s'échapper de sa gorge nouée. Ce sont des noms.

— Aytamak ! Itaâ ! Awami ! Oummaï ! C'est moi, Aki !

Les deux hommes et la femme se figent. Ils se retournent et observent d'un air ahuri cette jeune femme surgie de nulle part qui court vers eux en s'égosillant.

Itaâ, la première, reconnaît Aki. Elle lève les bras au ciel et s'élance à sa rencontre.

— Aki, c'est Aki !

À leur tour, les trois hommes s'animent, manifestent leur stupeur. Aki serre son ancienne compagne de captivité dans les bras. Un peu intimidée, elle s'approche des trois hommes qui la dévisagent, médusés. Le blessé s'est levé et se tient péniblement debout en s'appuyant sur les épaules de ses deux compagnons. Sa jambe est très abîmée. Sa forme bizarre révèle plusieurs fractures. Mais un sourire illumine son visage livide. Ses yeux brillent tandis qu'il murmure, incrédule, le nom de la jeune femme :

— Aki !

Il le répète à plusieurs reprises comme pour se convaincre de la réalité de cette apparition. Il tend la main pour la toucher. Son regard exprime à la fois le doute et l'espoir.

— Aki !… Aki !… C'est toi !…

Ses doigts suivent le contour de son visage.

La jeune femme acquiesce. Ses yeux brillent de fierté et de joie.

Elle dégrafe le haut de sa pelisse et plonge les mains sous les fourrures pour s'emparer du nourrisson qui se trémousse comme un ver. Ébahi, l'homme contemple ce bébé gras et joufflu qui gigote devant ses yeux.

— Ton fils ! dit-elle simplement.

Aytamak s'empare de l'enfant sans un mot. Il est bien vivant.

Comment sa femme a-t-elle pu parvenir jusqu'ici avec son bébé ? Il n'en revient pas de les voir là, devant lui, resplendissant de santé, au milieu de ce fleuve gelé, à des jours de marche du territoire de leur clan et encore bien plus de celui des hommes oiseaux ! Quel est donc ce prodige ?

Pourtant, c'est bien elle. Il reconnaît son odeur. Oummaï et Awami la voient aussi.

Aki salue les deux hommes qui la contemplent, ébahis. Ils sont pâles et amaigris. Malgré son épuisement, Itaâ ne cache pas sa joie.

— Que faites-vous ici ? interroge Aki.

C'est Oummaï, le plus âgé, qui se charge de répondre. Il parle d'un ton hautain où perce la contrariété.

— Ce serait bien à nous de te poser la question ! Ta présence ici relève d'un grand mystère ! Ne vois-tu pas Itaâ ? Nous avons trouvé le camp des hommes oiseaux. Il n'y avait que des femmes, des enfants et des vieux. Ils ne se sont pas opposés à nous. Itaâ était là mais pas toi ! Nous t'avons cherchée longtemps, bien plus que de raison, et nous avons trop tardé à quitter leur territoire.

Il jette un regard sans concession sur le blessé.

— C'est lui qui a insisté pour que nous poursuivions les recherches. Alors, ce que je craignais est arrivé ! Ils ont retrouvé notre trace et nous ont tendu une embuscade. J'en ai tué un et nous avons pu nous échapper. Mais Aytamak a été blessé. Nous avons avancé sans répit dans l'espoir d'atteindre notre territoire avant les grands froids. Aytamak ne pouvait pas marcher, nous avons dû le porter, ce qui nous a considérablement retardés. L'hiver nous a devancés. Nous nous sommes abrités dans une caverne. Mais nous avons très vite manqué de nourriture. Aussi, à la première accalmie, nous avons décidé de repartir en comptant sur les esprits pour retenir le vent et favoriser notre quête de gibier.

L'homme reprend son souffle. Il a parlé d'un trait, d'une voix basse et fatiguée. Une sourde colère, difficilement contenue, transparaît dans ses paroles. Il jette un nouveau regard désapprobateur au blessé, le désignant comme le responsable de la situation.

Aki considère les mines abattues de ses congénères d'un regard ému. Elle s'attarde sur le visage gris d'Aytamak, défiguré par la souffrance. Awami la regarde sans la voir. Incapable de demeurer debout plus longtemps, il s'est affalé à côté du blessé et reste prostré. Seul Oummaï semble avoir conservé une partie de sa vigueur.

— Vous êtes épuisés. Le vent est en train de se lever. Notre abri est tout proche. Nos réserves sont abondantes, de quoi nous nourrir tous pendant au moins une lune.

— Notre abri ? Parlerais-tu de toi et l'enfant ? s'étonne Oummaï.

— Je ne suis pas seule !

Aki se dirige vers les bosquets derrière lesquels Ao se dissimule et les observe. Elle l'appelle.

— Viens, Ao. Approche. Ce sont Aytamak, Awami, Oummaï et Itaâ. Ils font partie de mon clan. Aytamak est le père de mon enfant. Il est blessé. Montre-toi. Tu n'as rien à redouter.

Ao obtempère. Une rafale s'engouffre sous l'ample fourrure blanche de l'ours et la fait voltiger autour de lui.

À sa vue, les trois hommes et la femme ne peuvent réprimer un mouvement de recul. La femme pousse un cri d'effroi.

— C'est, c'est… l'homme ours ! balbutie-t-elle.

Oummaï saisit une de ses sagaies qu'il brandit d'un air menaçant.

— Aki ! Reviens ! s'écrie Aytamak.

La jeune femme ne réagit pas immédiatement, prise au dépourvu par la réaction hostile des siens. Elle voit Oummaï et Awami courir vers elle en poussant des cris et la doubler.

Impassible, Ao les suit des yeux, prêt à se jeter dans les taillis pour esquiver les sagaies. Il ne craint pas d'affronter ces deux chasseurs exténués. Troublés par son assurance, indécis, les deux hommes ralentissent l'allure. Fort de l'inquiétude qu'il suscite, Ao les défie en poussant des cris féroces. D'une main, il brandit le fémur de l'ours, de l'autre, il fait tournoyer ses bolas.

Awami et Oummaï restent prudemment à distance. Ils brandissent leurs sagaies, menaçants.

Aki se ressaisit. Elle les rattrape et les dépasse pour aller se placer devant Ao. Elle pose une main sur son épaule dans un geste apaisant. Elle réalise qu'il joue. Elle le gronde. À la grande surprise des deux hommes, l'énergumène se calme aussitôt. Déconcertés, ils abaissent leurs sagaies.

La jeune femme s'adresse à eux d'une voix ferme :

— Voici Ao. Il appartient au peuple des anciens hommes qui nous ont précédés dans cette partie du monde. Il m'a protégée. Il a chassé pour moi et l'enfant. Il a tué les hommes oiseaux qui me traquaient. Pourtant, il n'était pas menacé. Rien ne l'empêchait de s'en aller. Nous avons marché ensemble car nous allions dans la même direction. Il est à la recherche des siens.

Je l'ai assuré que les hommes du lac ne lui seraient pas hostiles.

— Est-ce bien un être humain ? interroge Itaâ d'une voix hésitante.

— Mais oui ! Bien sûr ! s'écrie Aki, exaspérée. Je vous répète que, sans lui, je ne serais pas ici ! Maintenant, vous allez nous suivre. Notre camp est tout proche. Il y a du feu et de la nourriture pour vous. Nous parlerons là-bas.

Sa joie de retrouver les siens est gâchée par leur réaction inamicale envers Ao. Elle lit la peur dans les yeux d'Itaâ. Mais elle s'efforce de faire preuve d'indulgence à leur égard. Elle se remémore sa propre terreur lorsque Ao a surgi dans la caverne. Seules des circonstances exceptionnelles ont rendu possible un rapprochement aussi improbable. L'attitude des siens n'a rien d'étonnant. Il leur faut un peu de temps.

Sans plus se préoccuper d'eux, elle tire Ao par le bras et s'en retourne résolument vers le camp.

Ao lui emboîte le pas. Ces hommes et cette femme appartiennent au clan d'Aki. Il ne leur fera pas de mal. S'il reste vigilant, il n'a rien à craindre d'eux. Ils sont fatigués. Ce ne sont pas des hommes oiseaux. Leurs yeux n'ont pas le même éclat.

Derrière, les trois hommes restent sans réaction. Si incroyable que cela puisse paraître, l'homme ours obtempère aux injonctions de la jeune femme. Ils se concertent du regard. Mais aucun ne sait quoi dire. Aki se retourne. D'un geste impatient, elle les invite une nouvelle fois à les suivre. Ils s'observent en silence. Aytamak est rongé par la fièvre. Awami et Oummaï sont épuisés. Ils ont froid. La faim les tenaille. Résignés, ils emboîtent le pas au jeune couple.

Aki prend place à côté d'Awami. D'autorité, elle le soulage d'une partie du poids en saisissant un côté du brancard. L'homme ne proteste pas.

Malgré ce renfort, le petit groupe progresse lentement. La jeune femme réalise les terribles efforts consentis jour après jour par ces hommes sous-alimentés, contraints à une marche forcée pour tenter de devancer l'hiver, s'épuisant à porter un compagnon qu'ils se refusaient à abandonner. Personne ne parle. Chacun est concentré sur son effort solitaire. On entend seulement les respirations haletantes.

Ao marche devant. Chaque fois qu'il a pris un peu d'avance, il s'arrête et observe cette curieuse procession. La journée est déjà bien avancée lorsqu'ils rejoignent la hutte.

En se serrant, chacun parvient à se faire une place sous l'abri. Ao attise les flammes. Aki va chercher de la nourriture et la distribue. Malgré la fatigue, les mâchoires se mettent en action.

Seul Aytamak ne mange pas. Il contemple sa femme avec des yeux brillants et rougis par la fièvre. Son corps puissant résiste depuis plus d'une lune mais il sent que la fin est proche. Sa jambe boursouflée a l'odeur de la mort. Il ne se fait pas d'illusions. Il souffre terriblement et doit lutter pour sortir de la torpeur dans laquelle la douleur et la fièvre se conjuguent à le plonger. Ao est assis en face de lui. Leurs regards se croisent longuement. Aytamak est le seul qui ose le regarder dans les yeux. Il le dévisage sans agressivité. Derrière son masque de souffrance, Ao croit lire une sorte de joie.

Bien plus tard, lorsque tout le monde est rassasié, Aki prend la parole. Les regards convergent dans sa direction. Sans l'avouer, chacun a hâte d'entendre le récit des événements vécus par la jeune femme. D'une voix calme et posée, elle raconte le long voyage jusqu'au camp des hommes oiseaux, leur brutalité, la mort de Kimi, la vie dans le camp, le harcèlement et la méchanceté des femmes, l'incursion providentielle d'Ao, sa fuite, l'orage sur le plateau, la naissance précoce de son enfant, la découverte de l'abri sous les rochers, l'irruption d'Ao dans la grotte…

Elle parle de ses émotions, de sa terreur, de sa surprise lorsqu'il a manifesté de la sollicitude à son égard en partageant sa nourriture avec elle. Elle relate dans les moindres détails sa fuite précipitée pour échapper aux chasseurs qui avaient retrouvé sa trace.

Elle s'attarde sur l'attitude stupéfiante de l'ancien homme qui a choisi de les affronter à un contre trois, alors qu'il avait toute latitude pour leur échapper en l'abandonnant à son sort. Elle décrit les péripéties du combat. Elle évoque leurs efforts communs pour communiquer, la longue marche le long du fleuve. Elle cite Ao avec respect, comme le nom d'un homme de grande valeur. Elle loue son courage, sa force et son habileté à la chasse.

Mais ses efforts pour susciter un sentiment favorable à son égard ne produisent pas l'effet escompté. Ao observe le chasseur le plus âgé, celui que les autres nomment Oummaï. L'homme semble excédé. Il a de plus en plus de mal à contenir son indignation.

Il finit par exploser.

Il se lève d'un bond, interrompant la jeune femme :

— Femme, comment oses-tu parler ainsi devant ton mari mourant ? Crois-tu que son esprit connaîtra la paix après avoir contemplé celui qui a pris possession de sa compagne et de son fils ? Tu parles de lui comme d'un chasseur valeureux de notre peuple ! Ouvre tes yeux, femme stupide ! Cet homme à grosse tête a volé ton esprit et celui de ton enfant ! Avec lui, c'est le malheur que tu as ramené sur notre peuple. Il faudrait le tuer pour t'arracher à son emprise !

Ao a compris le sens de ses paroles. Il gronde, les narines frémissantes, les lèvres retroussées, à la façon d'un fauve qui s'apprête à bondir sur sa proie. L'inquiétude qu'il lit dans les yeux du chasseur l'incite à en rajouter. Aki lui fait signe d'arrêter. Elle s'insurge contre les dures paroles du vieux chasseur.

— Aki n'appartient pas à l'homme ours. Ils ont uni leurs forces pour combattre l'ennemi commun. Ils ont voyagé dans la même direction mais leur destination n'est pas la même. Oummaï ne doit pas parler ainsi !

La colère qui monte en elle défigure les traits de la jeune femme. Son ton se fait méprisant :

— Tu crois pouvoir prendre la vie de cet homme ! Faibles comme vous l'êtes, il n'aurait aucun mal à vous tuer tous ! Il m'a traité mieux que certains d'entre vous leurs propres femmes ou filles !

Elle se tourne vers Aytamak.

— Sans lui, je ne serais pas là aujourd'hui, et cet enfant, ton fils, serait mort ! Vous êtes ici chez lui, à l'abri du froid, et vous mangez la viande des animaux qu'il a chassés ! Lorsqu'il vous a vus, car c'est lui qui a découvert vos traces, votre situation était désespérée ! Vous lui devez la vie !

Furieuse, elle s'empare de son fils qui se trémoussait sur une fourrure moelleuse, à côté de son père, auquel il ne témoignait qu'un intérêt limité, et se rue vers Ao.

Interloqué, le garçon reçoit le nourrisson dans les bras. Bien que surpris par la rudesse de sa mère, l'enfant reconnaît aussitôt Ao et glousse de plaisir.

L'assistance est pétrifiée. Aki regrette déjà son geste dont elle n'a pas immédiatement mesuré la portée. Ne vient-elle pas d'apporter du crédit aux mauvaises paroles d'Oummaï ?

Dépitée, elle se recroqueville dans son coin et se tait. Un silence pesant s'installe. Itaâ et Awami gardent la tête basse. Abasourdi par la fureur de cette femelle, Oummaï quête une réaction de la part du blessé. Jamais une femme n'a osé lui parler sur ce ton ! Il n'est pas près de l'oublier. Mais la présence d'Ao le contraint à la retenue. Son regard désapprobateur se pose une nouvelle fois sur Aytamak. Cet homme ne devrait pas tolérer que sa femme s'adresse ainsi à un ancien du clan. Mais que peut-on attendre d'un homme aussi peu raisonnable, par la faute duquel ils doivent maintenant s'en remettre au bon vouloir de cet être néfaste ?

Il hausse les épaules. À quoi bon s'en prendre à lui ? Il est au seuil du grand voyage. Aki rendra compte de son attitude devant le conseil du clan. Oummaï dira que l'homme ours n'appartient pas au peuple humain. Le chaman est un homme sage. Il confirmera ses paroles, car la présence de cet intrus ne peut que provoquer la colère des esprits et apporter le malheur parmi les vrais hommes.

Ao a conscience de l'animosité qu'il suscite mais cela ne l'affecte pas vraiment. Il joue à se mettre en colère. L'effet qu'il produit sur ces hommes et cette femme l'amuse. Il sait qu'il pourrait tous les chasser de cet abri. Mais il n'en fait rien. Il se contente d'observer avec attention l'attitude des uns et des autres, saisissant quelques mots, assez pour comprendre les difficultés éprouvées par la jeune femme pour faire accepter aux autres son alliance avec lui. Son intérêt pour elle n'a pas varié. Elle garde toute sa confiance. Il est sensible de sa loyauté à son égard.

Le comportement du blessé l'intrigue. Bizarrement, c'est lui, le père de l'enfant, le propre mari d'Aki, qui lui témoigne le moins d'hostilité. L'autre femme garde les yeux baissés. Il a surpris la désapprobation et la peur dans son regard fuyant. Elle se tait. Aki ne lui ressemble pas. Elle est favorisée par des esprits plus puissants. Ao ignore les raisons de sa rencontre avec elle. Il sait seulement qu'il s'est attaché à cette femme qui se comporte comme une louve.

Aytamak tente de se lever, au prix d'un effort surhumain. Son visage est marqué par la souffrance. Il gémit lorsque sa jambe blessée prend appui sur le sol. Aki se lève pour l'aider. Il accepte de bonne grâce. Un vague sourire se dessine sur ses traits crispés. Ses yeux ont une expression lointaine, celle de ceux qui contemplent déjà le monde des esprits. Adossé à la cloison de la hutte, il peine à retrouver son souffle. Son regard se pose sur Ao et l'enfant qu'il tient dans ses bras. Ao ne lit ni haine ni peur, sur le visage décharné.

À l'intention de sa femme, il entreprend de raconter d'une voix lasse comment ils sont arrivés jusqu'ici.

Il répète en partie ce qu'a déjà dit Oummaï, en apportant quelques précisions :

— Nous sommes partis quelques jours après l'agression des hommes oiseaux. Nous avons suivi votre piste en direction du soleil levant. Nous n'avons pas trouvé leur camp et nous avons passé l'hiver dans une des nombreuses cavernes nichées dans les falaises qui bordent les cours d'eau à proximité de leur territoire. Le printemps venu, nous avons accumulé quelques réserves en prévision d'un retour difficile, avant de reprendre nos recherches. Cette fois les esprits ont guidé nos pas. Nous avons trouvé leur camp. Les chasseurs étaient absents. Les quelques femmes et vieux présents ne se sont pas opposés à nous. Itaâ nous a raconté la mort de Kimi, la venue de l'homme ours et ta fuite. Nous t'avons longtemps cherchée. Oummaï voulait partir et il avait raison. Mais j'espérais encore te retrouver. Nous avons trop tardé. Par ma faute, les hommes oiseaux nous ont surpris. Ils étaient trois. Oummaï en a tué un avec sa sagaie dès le début de l'affrontement. Sa mort a rendu les deux autres prudents. Ils se sont repliés en emportant son corps. Mais l'un d'eux avait brisé ma jambe avec sa massue hérissée de pointes acérées. Oummaï et Awami se sont relayés pour me porter. Il faisait de plus en plus froid. Nous n'avancions pas assez vite et l'hiver nous a pris de vitesse. Nous nous sommes arrêtés dans une petite grotte mais nos maigres réserves ont été vite épuisées. Dès que le vent s'est calmé, nous sommes repartis. Si l'ancien homme n'avait pas relevé les traces de notre passage, c'est la mort qui nous attendait. Le territoire du clan est encore loin. Affamés et épuisés comme nous l'étions, nous n'aurions pas résisté longtemps au retour du vent.

Aytamak se tait, essoufflé. Ce long discours l'a épuisé.

Aki est allé reprendre son petit, puis revient se placer à côté de lui. Le chasseur caresse la tête du bébé.

Aki examine sa jambe. La chair est violacée sur toute la longueur. Les plaies profondes n'ont pas cicatrisé et suppurent. Une odeur infecte en émane. Aytamak est condamné. Il souffre atrocement et attend la mort comme un bienfait.

Leurs regards se croisent. Aki lit la résignation dans ses yeux mais aussi la tendresse et la gratitude.

Il reprend la parole.

— Aytamak va mourir. Mais son esprit est en paix.

En disant cela, son regard s'attarde un moment sur Oummaï.

— Ma femme et mon fils sont en vie. Grâce à cet homme-là !

Il pointe sa main tremblante en direction d'Ao. Sa voix se fait plus ferme pour marquer l'importance de son propos.

— Qui il est et d'où il vient importent peu ! Cet homme a nourri mon fils et ma femme. Il a protégé leurs vies. Quiconque s'en prendra à lui offensera mon esprit.

Il s'adresse plus particulièrement au jeune chasseur silencieux.

— Vous répéterez mes paroles à Napali et Wagalik pour que cet homme soit accueilli parmi les nôtres comme il le mérite.

Le chasseur se laisse glisser le long de la paroi. Il ne dira plus rien. Pourtant, son agonie sera encore longue. La fièvre le fait délirer. Il faut encore plusieurs jours avant que la mort ne vienne mettre un terme à ses souffrances.

Le corps est enseveli sous un amoncellement de pierres. De la nourriture est placée à côté de lui pour que son âme puisse se nourrir au cours du long voyage qui doit la mener jusqu'aux sommets des montagnes sacrées, inaccessibles aux vivants. Aki a invoqué l'esprit du loup et l'a supplié de guider son mari vers le territoire des ancêtres. Elle a placé dans sa main le couteau que lui a donné Itaâ. Elle espère que cette arme remarquable apaisera le mort et lui permettra de prouver sa valeur et de chasser aux côtés des ancêtres dans le monde des esprits. Même si elle s'était préparée à cette échéance, la disparition d'Aytamak l'attriste. C'était un homme bienveillant dont elle appréciait le tempérament calme et réfléchi. Elle sait qu'elle ne restera pas longtemps seule avec son enfant. La présence d'un fils augmente la valeur d'une femme. Les prétendants ne vont pas manquer. Mais elle n'éprouve aucune joie à cette perspective. Elle n'a pas de désir envers un autre homme. Son cœur se serre à l'évocation des souffrances endurées par le chasseur pour la rechercher. Au moins est-il mort en paix après avoir revu sa femme et connu son fils dont il ignorait l'existence !

Elle a lu la gratitude sur son visage, non seulement pour elle mais aussi pour Ao. Aytamak était un homme intelligent. Il respectait Aki et lui accordait sa confiance. Il a compris ce qu'il devait à l'homme ancien. Avant de mourir, il lui a rendu hommage. Aki honorera sa mémoire. Son fils connaîtra son père à travers les paroles de sa mère. Jusqu'à ce que les esprits lui indiquent son propre nom, il portera celui de son père.

Les journées sont longues. Ao profite de la moindre accalmie pour échapper à la promiscuité et à l'atmosphère pesante qui règne dans l'abri. Chaque fois que le temps le permet, il va chasser. Il ne sollicite jamais l'aide des deux hommes envers lesquels il affiche la plus totale indifférence. Pourtant sa vigilance ne faiblit pas. Aucun de leurs moindres faits et gestes ne lui échappe.

Après la mort d'Aytamak, Oummaï a essayé d'imposer son autorité. Il manifeste toujours une vive désapprobation envers Aki et ne semble pas vouloir tenir compte des paroles du mourant, persistant à affirmer que la présence d'Ao entraînera la désolation au sein du clan. Il répète que, sans lui, Aki aurait été là à leur arrivée. Ils auraient pu fuir rapidement, évitant cette rencontre fatale avec les hommes oiseaux qui a coûté la vie à Aytamak.

Aki rétorque que son enfant serait né avant qu'ils n'arrivent et que personne n'aurait pu empêcher sa mise à mort.

Mais il refuse d'entendre raison. Il dit qu'Ao partira avec le retour des beaux jours. Qu'il aille donc retrouver les siens ! Aki se désole de l'obstination du vieux chasseur. Pour autant, elle n'oublie pas que, malgré ses griefs à son encontre, il s'est refusé à abandonner Aytamak alors que son obstination mettait leur vie en péril. Elle garde espoir. Elle le croit sincère. Il finira bien par changer d'opinion. Mais l'attitude du vieil homme laisse augurer un retour difficile. Elle craignait des réticences de la part de certains des siens. Elle n'avait cependant pas envisagé une réaction de rejet aussi vive.

En attendant, elle se rend compte du malaise d'Ao. Malgré les récriminations d'Oummaï, elle n'hésite pas à sortir avec lui, laissant son bébé à Itaâ. Ao ne cache pas sa joie lorsqu'il l'entend courir derrière lui. Ils prennent plaisir à chasser tous les deux comme ils l'ont fait au cours de l'été. Pendant ces moments-là, Aki ressent moins la tristesse causée par la mort d'Aytamak. Elle se rend compte aussi qu'elle aura du mal à accepter sa condition au sein du clan. Elle a goûté à l'ivresse de la chasse, au plaisir de découvrir et de fouler librement les espaces infinis qui composent le monde. Elle sait maintenant que les femmes peuvent agir comme les hommes sans provoquer la colère des esprits.

IX

Les jours s'allongent. La glace fond en surface. Pourtant, l'hiver n'est pas encore fini. Les hommes savent avec quelle vigueur le froid peut reprendre l'offensive avant de lâcher enfin prise sous les assauts du soleil printanier.

Les relations restent tendues. Oummaï continue d'exprimer son mécontentement en critiquant sévèrement Aki lorsqu'elle sort avec Ao. Après avoir tenté en vain, à maintes reprises, de plaider la cause de son compagnon, Aki a pris le parti de se taire pour ne pas envenimer la situation.

Elle dit simplement :

— Aki va chasser avec Ao.

Cette seule annonce suffit pourtant à déclencher le courroux du vieux chasseur qui maugrée :

— Aki sait qu'elle ne doit pas tuer d'animaux. Oummaï et Awami sont là pour ramener le gibier. Aki doit s'occuper de son fils.

Mais la jeune femme fait la sourde oreille.

Ce matin, Oummaï est irrité. Malgré le temps clément, cela fait deux jours qu'Awami et lui reviennent bredouilles de la chasse. Une fois de plus, Aki s'apprête à partir avec Ao. Aujourd'hui, elle a décidé d'emmener son bébé.

Oummaï sent une bouffée de rage l'envahir. Cette femelle est d'une effronterie inouïe ! Il est temps de la remettre à sa place une fois pour toutes.

Ao est sorti. Il attend Aki à l'extérieur. Oummaï en profite pour donner libre cours à sa colère. Il se dresse devant la jeune femme en grondant :

— Quand cesseras-tu d'offenser les esprits, femme !

Aki sent que l'homme est hors de lui. Elle repose prudemment le bébé.

— Je te forcerai à obéir ! rugit l'homme.

Son avant-bras heurte la tempe de la jeune femme. Projetée au sol, Aki laisse échapper un cri de douleur. Oummaï se baisse et lève son bras pour frapper une seconde fois. Dans son emportement, il n'a pas entendu Ao rentrer et se glisser derrière lui. Il sent sa présence au moment où un étau se referme sur son poignet.

Malgré son âge, Oummaï a conservé la force de sa jeunesse. Peu d'hommes peuvent se vanter de lui avoir déjà tenu tête. Il parvient à se retourner et tente de déséquilibrer son adversaire en le poussant avec son épaule. Mais Ao ne bouge pas, rivé au sol, insensible aux coups de boutoir que lui assène son adversaire. L'homme a l'impression de se heurter à un arbre. Le bras gauche d'Ao vient enserrer son cou. L'air ne parvient plus dans ses poumons. Il se tortille et bat frénétiquement des mains sans parvenir à s'arracher à l'étreinte mortelle. La peur s'empare de lui. Ses muscles mollissent.

Awami et Itaâ contemplent la scène, saisis d'effroi. Aki reprend ses esprits. Elle réalise ce qui se passe.

Elle hurle :

— Ao, non ! Laisse-le ! Ne le tue pas !

Mais il reste sourd à ses cris. Encore étourdie par le coup qu'elle a reçu, elle peine à se remettre debout.

Awami réagit enfin. Aiguillonné par les hurlements de la jeune femme, il se jette sur Ao qu'il percute de tout son poids. Celui-ci est à peine ébranlé par cet assaut furieux. Awami sait que la vie du vieux chasseur est en jeu. Il agrippe le bras d'Ao et tente de desserrer la prise sur le cou du malheureux Oummaï dont le visage cramoisi et les yeux exorbités annoncent déjà l'imminence de la mort.

Awami réalise qu'il n'arrivera à rien de cette manière. L'ancien homme est beaucoup trop fort. Il entend Itaâ crier derrière lui. Elle s'est emparée d'une sagaie. Awami la lui arrache des mains. Pendant un court instant, Ao lui tourne en partie le dos. Il pourrait frapper mais il ne le fait pas. Il répugne à le tuer et espère encore pouvoir l'éviter. D'un ton menaçant, il intime :

— Lâche-le.

Ao sent la résolution dans la voix du jeune chasseur. Il se retourne prestement pour lui faire face. Protégé par le corps déjà inerte du vieux chasseur, il écarte la pointe de l'arme de sa main libre.

Awami tourne autour de lui, la sagaie brandie, résigné à passer à l'acte car la vie d'Oummaï en dépend. Mais Ao pivote en même temps que lui, utilisant le corps du chasseur comme un bouclier.

Entre-temps, Aki s'est relevée. Elle se jette entre les deux hommes. Elle parvient à capter le regard d'Ao. Elle se cramponne à son poignet et le supplie de lâcher prise.

Ao écarte enfin le bras. Oummaï s'affaisse.

Itaâ et Awami se précipitent sur lui. L'homme n'est pas mort. Un léger râle s'échappe de sa bouche entrouverte. L'air pénètre difficilement dans sa gorge malmenée. Ils le traînent vers le fond de l'abri.

Prudent, Awami rassemble leurs armes à portée de main. Un silence pesant s'établit. On n'entend que la respiration sifflante d'Oummaï.

Le chasseur met un long moment à revenir parmi les vivants.

Aki est debout au milieu de l'abri. Elle regarde Ao d'un air consterné. Elle en veut à Oummaï mais aussi à lui. Pourquoi n'a-t-il pas cédé à ses injonctions ?

Le visage d'Ao ne traduit aucune émotion apparente. Accroupi à l'autre extrémité de la hutte, il surveille tranquillement le trio ennemi.

Oummaï ouvre les yeux. Sa gorge est en feu. Il déglutit avec difficulté et s'efforce de happer un peu d'air. La tête lui tourne. Il réalise qu'il revient de loin.

Tous les yeux sont braqués sur lui.

D'une voix rauque et hachée, sans un regard pour Aki, il s'adresse à Awami et Itaâ :

— La mauvaise saison touche à sa fin. Demain, nous partirons. Cette femme n'a plus sa place parmi nous. Elle appartient à cet être malfaisant qui a tenté de prendre la vie d'Oummaï. S'ils se présentent sur le territoire de notre clan, ils seront refoulés.

Aki est atterrée. Ses invocations silencieuses n'ont pas été entendues. L'homme, qui vient d'échapper de peu à la mort, n'a pas prononcé les paroles d'apaisement tant espérées. Il a décrété le terrible bannissement. Mais peu à peu, l'accablement fait place à la colère. Comment le chasseur ose-t-il parler au nom de tous ?

Il n'a aucun droit sur Aki. Pourtant, il s'est permis de la frapper ! Elle ne lui obéira pas. Elle se présentera devant les siens et défendra sa cause. Elle s'apprête à se faire entendre lorsque la voix d'Awami s'élève.

Les regards étonnés des autres convergent vers lui. C'est la première fois que le jeune homme prend la parole devant tout le groupe. Jusqu'à présent, il semblait prendre parti pour son aîné. Du moins, n'a-t-il jamais exprimé d'avis contraire au sien !

Il est ému mais s'efforce de parler d'une voix ferme. Il s'adresse plus particulièrement au vieux chasseur.

— Awami n'est pas d'accord avec les paroles d'Oummaï. L'homme ours a bâti l'abri qui nous a protégés du froid. Nous avons mangé la chair des animaux qu'il a chassés. Oummaï n'aurait pas dû frapper Aki.

Il se tourne vers Ao :

— Awami remercie Ao pour sa générosité. Il regrette ce qui s'est passé.

Son regard se porte à nouveau vers Oummaï.

— Awami n'est pas pressé de repartir. Le temps n'est pas encore venu.

Aki lui adresse un regard éperdu de reconnaissance.

Elle est persuadée que les ancêtres se sont exprimés par la bouche du jeune homme. Finalement, ses incantations n'ont pas été vaines. Elles sont parvenues jusqu'à leurs oreilles. Du coin de l'œil, elle observe Oummaï.

L'intervention de son compagnon l'a pris au dépourvu. Il bafouille d'indignation.

Itaâ n'a pas non plus apprécié le discours d'Awami, comme l'indiquent les regards outrés qu'elle lui adresse.

Aki se dépêche de prendre la parole pour ne pas laisser à Oummaï le temps de se ressaisir.

— Aki a hâte de retrouver les siens. Dès le retour des cygnes, Ao et elle se mettront en marche.

Sans attendre de réponse, elle prend son bébé dans ses bras et fait signe à Ao de la suivre à l'extérieur.

L'homme et la femme cheminent côte à côte. Chacun revit à sa manière les derniers événements. Aki s'agite comme si elle voulait parler, mais c'est finalement Ao qui rompt le silence :

— Ao a entendu les paroles du vieux chasseur. Cet homme est son ennemi mais il a raison. Ao n'ira pas jusqu'au lac où vivent ceux de ton clan. Le chasseur a parlé comme parleront les autres. Ao n'est pas le bienvenu.

Il s'interrompt quelques instants pour chercher ses mots :

— Les anciens hommes ne sont pas là-bas. Ao n'a rien à y faire. En favorisant la rencontre avec les tiens, les esprits des ancêtres ont voulu lui rappeler sa mission. Ao sait maintenant qu'aucune alliance n'est possible avec les hommes nouveaux.

— Mais non ! s'écrie Aki, exaspérée. Les esprits voulaient seulement permettre à un chasseur de connaître son fils et de se séparer des vivants, l'âme en paix ! Oummaï ne parle qu'en son nom et il n'a aucun pouvoir pour décider quoi que ce soit. Ce n'est qu'un vieux chasseur borné ! Les autres membres de notre clan sont accueillants et pacifiques. La parole des femmes est écoutée. C'est vrai qu'elles ne doivent pas donner la mort ! Mais tous comprendront pourquoi Aki a dû le faire pour préserver sa vie et celle de son enfant. Ils seront reconnaissants envers Ao ! Il pourra demeurer parmi nous jusqu'à ce qu'il décide lui-même de partir. Et chaque fois qu'il reviendra, il sera le bienvenu. Personne n'écoutera les mauvais présages d'Oummaï ! N'as-tu pas entendu les sages paroles d'Awami ? Écoute-moi ! Rien n'est changé. Aki a confiance en Wagalik, son père, celui qui mène la chasse, et en Napali, le chaman. Leur influence est prépondérante sur les décisions qui engagent l'avenir du clan. C'est à Napali que s'adressent les esprits. Lui seul est capable d'interpréter les signes et de dire leur volonté.

Elle s'interrompt pour observer l'effet de ses paroles sur son interlocuteur. Ao garde le silence. La jeune femme prend cela comme un encouragement.

— Napali a vécu plus longtemps qu'aucun homme. Sa mémoire se souvient d'événements très anciens que les autres n'ont pas connus. Autrefois, les nôtres vivaient avec des clans apparentés, très loin d'ici, à l'opposé de l'endroit où naît le vent froid. Un jour, la nourriture a commencé à manquer. Les miens ont erré à travers d'immenses territoires avant d'atteindre les berges du grand lac qui s'étend entre les montagnes et la toundra. Au cours de leur longue errance qui a duré une grande partie de la vie d'un être humain, sur le point de mourir de faim et d'épuisement, ils ont rencontré des hommes étranges dont ils ne comprenaient pas le langage. Ces hommes ont partagé leur nourriture avec eux et leur ont permis de chasser sur leur territoire. Aki pense que ces hommes ressemblaient peut-être à Ao. Napali le dira. Il dira aussi où se situait leur territoire.

Ao grogne pour manifester son intérêt.

Stimulée, elle poursuit son effort de persuasion.

— Je te le répète. Tu ne dois pas tenir compte de l'attitude hostile d'Oummaï. Il a compris la leçon. Désormais, il connaît ta force. Il a senti le souffle de la mort sur sa nuque. Il n'osera plus lever la main sur moi…

Elle marque une courte pause avant d'ajouter :

— … si tu es là !

Ao tressaille. L'argument a porté.

Il s'arrête de marcher et la considère un long moment d'un air indécis. Enfin, il se décide à parler.

— Ao n'a pas dit qu'il voulait se séparer de la femme et de l'enfant !

Aki se tait, décontenancée par cette remarque. Elle a senti un vague reproche dans sa voix. Jusqu'à présent, jamais l'hypothèse de ne pas retourner chez les siens ne l'avait effleurée.

Pourtant, Ao a raison. Rien ne l'oblige à demeurer parmi eux.

Quelle que soit sa décision, elle sait maintenant qu'il peut en être autrement, Ao l'a envisagé, peut-être même l'espère-t-il !

Par lui, elle sait que les anciens hommes vivent la plupart du temps en petites communautés de quelques couples. Souhaite-t-il faire d'Aki sa compagne ?

Elle se souvient de l'indifférence qu'elle lui prêtait à son égard. Se peut-il qu'elle ait mal interprété son attitude ? Comment entendre ses paroles ?

La jeune femme réfléchit. Elle ne sait pas quoi dire.

Elle essaye de se projeter dans l'avenir. Elle ne doute pas de l'affection réciproque entre Ao et le petit Aytamak. Combien de fois, en se réveillant, n'a-t-elle pas cherché son enfant à tâtons dans l'obscurité pour le découvrir blotti contre Ao endormi ! Le bébé ne manque jamais de manifester sa joie à chaque retour de celui qu'il considère, sans aucun doute, comme son père.

Ses sentiments à elle sont plus confus. La promiscuité et leur étroite collaboration dans l'accomplissement des tâches quotidiennes ont créé une situation de dépendance mutuelle et d'intimité qui ne lui permet pas de prendre beaucoup de recul. Elle se sent en sécurité avec lui. Elle a pris goût à cette existence précaire mais intense. À travers sa relation avec Ao, elle jouit d'une liberté qu'elle n'a jamais connue, loin des interdits et des règles contraignantes qui régissent la vie des hommes et des femmes de son clan. Elle apprécie cette sorte d'ascendant qu'elle exerce sur lui, leur complicité, leur indulgence réciproque, leur plaisir à être ensemble. Mais pourrait-elle vivre de la sorte sans la perspective de retrouver un jour les siens, eux dont les visages n'ont jamais cessé de lui apparaître, avec la certitude de ne plus revoir le lac et les montagnes ? Ne risque-t-elle pas d'attirer sur eux la colère des puissances invisibles ? Une femme du clan peut-elle s'unir à un ancien homme ? À sa mort, que deviendrait son âme, loin du territoire des siens ?

Troublée, elle ne trouve pas de réponse satisfaisante. Elle ne sait qu'une chose avec certitude : elle ne veut pas qu'Ao s'en aille. Il faut qu'il vienne avec eux.

Elle a foi en la sagesse de Napali. Le vieil homme saura éclairer ses pensées. Aujourd'hui, elle regrette l'insouciance des journées passées à déambuler sans fin le long du fleuve, les moments paisibles qu'ils ont partagés tous les trois, libérés des exigences de la vie communautaire et des mauvais augures.

Elle voudrait ne pas songer aux difficultés qui l'attendent.

Elle essaye de se raccrocher à sa confiance envers le chaman. Sans nier les probables réticences des uns et des autres, elle est convaincue que nul n'osera contester sa décision car il parle au nom des esprits. Pourtant, elle a du mal à évacuer l'angoisse qui lui noue l'estomac. Elle ne sait plus quoi ajouter pour convaincre Ao de rester avec eux.

D'un ton las, elle tente d'exprimer son désarroi :

— Aki doit retourner parmi les siens. Mais Aytamak et elle ont besoin d'Ao. Il ne doit pas les abandonner maintenant. Ao n'a rien à craindre. Il ne regrettera pas d'être venu.

Ao prend le temps de réfléchir.

Au bout d'un long moment, il dit :

— Ao rencontrera le chaman.

Aki ressent un immense soulagement.

Ils ne disent plus rien et reprennent le chemin de l'abri.

À leur retour, les deux hommes et la femme sont toujours là. Le soir, personne ne parle. On entend seulement le babil du bébé. L'atmosphère est tendue à l'extrême. Aki soupire. Le temps sera encore long jusqu'au départ.

Oummaï s'est rapidement rétabli. Il se comporte comme si Aki et Ao n'existaient pas. Itaâ s'est réfugiée dans le mutisme. Son aversion pour Ao est manifeste. Elle est sous l'emprise de la peur et persiste à lui refuser le statut d'humain. Ses regards effrayés, dès qu'il s'agite ou s'approche de l'un d'entre eux, expriment sans ambiguïté son sentiment. Elle voit en lui l'incarnation d'esprits prédateurs. Depuis les événements qui ont failli coûter la vie à Oummaï, elle est convaincue qu'Ao a l'intention de tuer ses deux compagnons et de prendre possession d'elle, comme il l'a fait avec son ancienne compagne d'infortune.

Aki a beau lui répéter qu'Ao n'a fait que prendre sa défense, elle refuse de l'entendre, allant jusqu'à se boucher les oreilles avec les mains chaque fois qu'elle commence à parler. Exaspérée par son entêtement, Aki ne rate pas une occasion de la houspiller ou de lui manifester son impatience, insensible à sa détresse.

Mais le comportement d'Itaâ exacerbe son appréhension. Comment espérer un témoignage cohérent et objectif de sa part ? Nul doute qu'elle fera écho aux élucubrations du vieux chasseur !

Heureusement, il reste Awami. Depuis son intervention courageuse, Aki mise beaucoup sur lui. Aki est persuadée qu'Oummaï n'a pas digéré l'affront que lui a infligé son jeune compagnon. Il ne semble pourtant pas lui en tenir rigueur. Il ne s'attendait sans doute pas à un tel désaveu de la part de ce chasseur réservé, habituellement peu porté à s'opposer aux décisions de ses aînés. D'abord mortifié, il a vite compris qu'il risquait de perdre son appui en lui témoignant son ressentiment. Il a pris le parti de ravaler son indignation. Depuis cette affaire, il s'emploie patiemment à lui démontrer la nécessité de se soustraire à l'emprise de cet être nuisible qui tient déjà Aki en son pouvoir, sous peine de devoir assumer la responsabilité des malheurs qui ne manqueront pas d'accabler le clan tout entier.

Aki craint que ces pressions ne finissent par altérer son objectivité. Comme tous les chasseurs, il est respectueux de ses aînés. Oummaï est aussi le père de Kimi, dont la mort l'a beaucoup affecté. Parviendra-t-il à se libérer de son ascendant pour oser, cette fois devant le conseil du clan, apporter un témoignage impartial des faits ?

Elle relève son absence de réaction lorsqu'elle intervient parfois pour contredire les propos malveillants et injustes d'Oummaï. Quant au vieux chasseur, apparemment sûr de son fait, il se contente désormais de l'ignorer.

Pourtant, Aki garde espoir. S'il ne lui adresse pas la parole en présence d'Oummaï, Awami ne cherche pas non plus à l'éviter. Bien que distant envers Ao, elle ne lit pas d'animosité dans son regard lorsque ses yeux se posent sur lui. Elle croit même y surprendre de l'intérêt. Elle a remarqué que le jeune homme cherchait à entretenir une certaine complicité avec elle, profitant de chaque occasion pour lui manifester sa sympathie par des sourires ou quelques mots échangés à l'insu des deux autres, comme s'il tenait à lui faire comprendre qu'il déplorait la situation. Elle se persuade ainsi qu'il continue de désapprouver l'attitude d'Oummaï.

Aki ne lui en veut pas d'avoir porté secours au vieux chasseur et d'avoir menacé Ao. Bien au contraire, elle trouve qu'il s'est bien comporté. Il aurait pu tuer Ao. Il ne l'a pas fait. Il a agi avec sang-froid. Son intervention a sans doute contribué à éviter l'irréparable.

La jeune femme a toujours éprouvé de l'affection pour ce grand garçon, plutôt timide. En dépit de son allure juvénile, c'est un chasseur confirmé, apprécié pour sa vélocité et son endurance. Aki n'oublie pas les épreuves qu'il a endurées dans l'espoir de retrouver Kimi et l'arracher aux hommes oiseaux. Elle n'oublie pas non plus l'amitié qui le liait à Aytamak.

Mais malgré ces quelques signes encourageants, la jeune femme s'attend à des jours difficiles. La proximité du retour ne la réjouit plus autant qu'auparavant. Elle en arrive parfois à se persuader qu'Ao a raison, qu'ils feraient mieux de se séparer avant leur arrivée sur le territoire du clan. Mais tout son être s'insurge contre cette idée. Renoncer maintenant ne ferait que confirmer les insinuations d'Oummaï. Cela reviendrait à désavouer sa relation avec Ao, à se reconnaître coupable de quelque chose !

Non ! Elle préfère s'exposer à la désapprobation ou au rejet des siens plutôt que de manquer de loyauté envers son compagnon. Jamais elle n'acceptera d'apporter le moindre crédit aux paroles d'Oummaï. Ao est un homme véritable. Elle fera en sorte que ses qualités soient reconnues. Les esprits qui ont favorisé leur rencontre ont montré qu'ils sont favorables à une alliance entre les hommes du lac et les anciens hommes. Ils ont voulu la protéger, elle et son enfant. En sentant le petit Aytamak s'agiter sur son ventre, une vague de reconnaissance la submerge envers son compagnon. Elle perçoit la force du lien qui l'attache à cet homme, à la fois redoutable et bienveillant que les esprits ont placé sur son chemin. Malgré les difficultés qu'elle éprouve parfois à comprendre son attitude, elle se sent souvent plus proche de lui que des siens, auxquels il lui arrive, dans les moments d'abattement, de prêter le caractère suspicieux d'Itaâ et d'Oummaï, l'asservissement à des préjugés et à des croyances qui les empêchent de faire preuve de clairvoyance et d'ouverture.

Ao, lui, n'est pas sujet aux inquiétudes de sa compagne. Depuis qu'elle l'a convaincu de l'accompagner jusqu'au territoire des siens, il a repris sa place sous l'abri comme s'il ne s'était rien passé. Il épie les comportements de chacun, s'efforçant de deviner le sens des paroles échangées à partir de leurs mimiques et des mots que lui a enseignés la jeune femme. Au fil des jours, il enrichit son vocabulaire. Bientôt, plus rien ne lui échappera, alors que les autres seront encore convaincus qu'il ne saisit que des bribes de leurs conversations.

Le printemps finit par s'imposer. Les saules bourgeonnent. La neige évacue la toundra pour laisser place aux marécages et aux vastes étendues grisâtres, recouvertes de lichen. La jeune femme retrouve quelque joie à regarder passer les premiers troupeaux d'herbivores amaigris qui se précipitent à travers les gués libérés par les glaces, avides de brouter les premières pousses tendres dans la steppe.

Le départ est programmé pour le lendemain. D'après Oummaï, ils devront encore marcher jusqu'à ce que la lune soit pleine avant d'atteindre le territoire du clan.

Les préparatifs ne sont pas très longs. Les charges sont réparties entre les membres du groupe. Chacun emporte ses propres armes et outils. Awami et Oummaï sont pressés de partir. Ils scrutent les alentours comme s'ils craignaient le retour des hommes oiseaux. Ils sont persuadés qu'ils n'ont pas renoncé à les traquer.

X

Bien des jours ont passé. Awami a ajouté de nombreuses encoches sur le morceau de bois qui lui sert à compter le temps depuis qu'ils ont quitté la petite hutte bâtie par Ao et Aki. Les versants abrupts des montagnes se rapprochent de plus en plus. Ao est fasciné par ces parois vertigineuses dont les parties les plus élevées se confondent avec les nuages. Le fleuve s'est considérablement élargi après avoir recueilli l'eau des torrents grossis par la fonte des parties inférieures des glaciers.

La veille, c'était la pleine lune. Les voyageurs ont quitté les berges du cours d'eau et sont parvenus aux confins du territoire de chasse du clan.

Ao chemine à l'arrière du groupe. Pour le rejoindre, Aki se laisse distancer par les trois autres qui avancent d'un pas alerte, aiguillonnés par la perspective d'une arrivée imminente. Elle lui adresse un sourire crispé. Sa voix tremble. Elle est émue.

— Ao, ce soir nous camperons en vue du lac. Et demain, nous atteindrons le camp d'hiver du clan. Nous avons marché vite, la saison des grandes chasses commence à peine et Oummaï pense qu'ils ne sont pas encore partis. Je ne sais pas comment les choses vont se passer. (Sa voix se raffermit.) Hormis Napali et peut-être le vieux Taâwik, aucun d'eux n'a jamais vu d'homme tel que toi. La plupart ignorent jusqu'à leur existence. Les paroles hostiles d'Oummaï trouveront sans doute un écho favorable chez certains d'entre eux. Ils te manifesteront peut-être de la méfiance. Mais aucun ne cherchera à prendre ta vie. Tu dois me faire confiance. Ils appréhendent la colère des esprits mais ce sont des hommes pacifiques. Sois indulgent avec eux et surtout garde ton calme, c'est la meilleure façon de répondre aux accusations d'Oummaï. Il faut leur laisser un peu de temps. Quelle que soit leur première réaction, ils écouteront la parole du chaman. Tous le respectent et nul ne doute qu'il parle au nom des esprits.

Ao pose la main sur la tête de la jeune femme, geste familier auquel il a recours quand il souhaite la rassurer.

— Ao ne fera rien contre ceux de ton clan. S'ils n'acceptent pas sa présence, il partira.

Il n'est pas inquiet. Il restera sur ses gardes. Il n'a rien à perdre. Jamais il n'aura meilleure occasion d'approcher un clan d'hommes semblables à ceux qui ont décimé son peuple, de partager leur existence et de comprendre comment ils ont obtenu la faveur d'esprits puissants au détriment des anciens hommes.

Il regarde devant lui. Les autres sont en train de gravir une petite éminence. Le soleil est sur le point de disparaître.

Aki se détend un peu, apaisée par le calme et l'assurance qui émanent de son compagnon.

Ils se remettent en marche en silence. Il fait presque nuit quand ils parviennent au sommet du petit mamelon. Un feu gigantesque crépite. Oummaï ne craint plus de montrer sa présence. Ils sont désormais sur le territoire du clan.

Ao se réveille le premier. Le soleil se lève. Une légère brume flotte au-dessus du sol. Il fait froid. Son regard perçant embrasse l'immense cuvette, cernée à l'ouest par les pentes escarpées des montagnes où la rocaille dispute la place à des coulées de glace qui descendent jusqu'aux rives du lac.

Il considère avec respect la vaste étendue d'eau. L'impression d'immensité est accentuée par la brume qui l'enveloppe et empêche de situer précisément le rivage.

L'homme sent un souffle chaud sur sa nuque. Aki s'est levée sans bruit pour le rejoindre. Elle se serre contre lui en frissonnant dans la fraîcheur de l'aube. Ils restent immobiles et silencieux un long moment.

Un grognement les tire de leur contemplation.

Oummaï s'est réveillé. Il souffle sur les braises pour ranimer le feu, puis secoue sans ménagement Awami et Itaâ. Le charme est rompu.

Aki et Ao vont s'asseoir près du feu. Awami dégage une pierre plate de sous les braises et y jette les restes d'une oie abattue la veille. Impatient, Oummaï s'en empare le premier. Il prélève une portion avec son couteau. Les autres l'imitent. Seule Aki dédaigne la chair à demi cuite de l'animal. Elle n'a pas faim. Son estomac est noué par l'appréhension. Oummaï et Itaâ mangent rapidement. Ils pressent Awami d'en faire autant. Celui-ci rechigne.

— Pourquoi se hâter ? Avant la mi-journée nous aurons rejoint le camp ! Laissez-moi manger !

— Reste donc là, si tu veux ! Itaâ et moi, nous partons, rétorque sèchement le vieux chasseur en le foudroyant du regard.

Awami soupire. À regret, il se soumet à la volonté de son aîné.

Aki se lève et tourne nerveusement autour du feu en s'arrêtant pour scruter l'horizon comme si elle s'attendait à voir le clan tout entier surgir des brumes et escalader la colline en courant.

Oummaï et Itaâ se mettent en marche les premiers. Ils ne lui prêtent pas la moindre attention. Awami s'attarde un peu. Il lui sourit d'un air contrit. Il ouvre la bouche pour parler, puis se ravise et s'en va sans un mot.

Indifférent à cette agitation, Ao continue de manger.

Aki le réprimande.

— Dépêche-toi ! Il ne faut pas qu'Oummaï nous distance ! Allez, viens ! Tu as assez mangé.

Ao perçoit la tension dans sa voix. En quelques instants, ils sont prêts à partir et dévalent la pente à leur tour. Les trois autres sont déjà loin. Oummaï force l'allure. À plusieurs reprises, il se retourne dans leur direction. Aki n'est pas dupe. Malgré ses efforts pour les rattraper, la distance qui les sépare ne diminue pas. À l'évidence, l'homme tient à les devancer.

Aki se contraint à ralentir. À quoi bon se dépêcher maintenant ? En agissant ainsi, le vieux chasseur démontre qu'il n'est pas aussi sûr de son fait qu'il y paraît. Après tout, cette précipitation pourrait le desservir. Aki n'a pas besoin de se hâter. Qu'il parle donc le premier ! Au moins les autres seront-ils prévenus de l'arrivée d'Ao !

Oummaï espère sans doute convaincre les chasseurs de refuser l'entrée du camp à Ao avant qu'elle puisse intervenir. S'il parvient à créer un climat d'hostilité et de désapprobation à leur encontre, elle aura du mal à se faire entendre. Ao risque d'être refoulé d'emblée et elle-même sommée de se conformer aux lois du clan.

Au lieu de l'inquiéter, cette perspective renforce sa détermination. De quoi devrait-elle se justifier ? De son obstination à préserver la vie de son enfant et à vouloir rejoindre les siens ? D'y être parvenue grâce à la protection de cet ancien homme que les esprits lui ont envoyé alors qu'elle était vouée à mourir de faim ou à être rattrapée par ses ravisseurs ?

Elle refusera de s'imputer des torts qui n'en sont pas. Ses craintes se dissipent pour laisser place à une froide détermination. Elle lève la tête et serre les poings. Elle n'a pas à rendre de comptes et n'acceptera aucun reproche. Si l'accès du camp lui est refusé, elle partira avec lui.

Des cris et des rires interrompent ses réflexions. Oummaï ne s'est pas trompé. Le départ pour les grandes chasses n'a pas encore eu lieu. Elle a beau s'y être préparée, elle sursaute et son cœur s'emballe. Elle saisit Ao par le bras. Il ressent l'inquiétude de la jeune femme et ralentit l'allure pour lui permettre de se ressaisir. Mais il n'est plus temps de renoncer.

Aki sent ses résolutions s'évanouir. La peur s'insinue en elle, la peur d'être rejetée par les siens, de leur mépris, ou encore d'être confrontée à des choix difficiles.

Ao a identifié les auteurs de ces cris. Ce sont des enfants venus à leur rencontre. Sans doute le feu a-t-il été repéré la nuit précédente. Ils ne regardent pas vers le haut de la colline. Ignorant leur présence, ils escortent les deux hommes et la femme en direction du camp. La petite troupe disparaît derrière un bosquet. Ao et Aki atteignent à leur tour le fond du ravin. Ils suivent le sentier qui remonte à travers les arbres. Aki a pris les devants. Le camp est là, tout proche, sur les hauteurs qui surplombent le lac. Les huttes recouvertes de branchages et de peaux surgissent derrière le sommet. L'endroit est plaisant, une vaste étendue plane, parsemée de rochers et d'arbustes. Une source jaillit entre des pierres, formant un ruisseau qui s'écoule vers le lac dont on aperçoit les eaux sombres en contrebas.

Aki reconnaît Wagalik, son père, Tsinapa, son frère et Napali le chaman parmi les hommes et les femmes regroupés autour du trio. Alertés par les cris des enfants qui les ont repérés, les têtes se tournent dans leur direction. Tsinapa est le premier à reconnaître Aki.

Il pousse un cri joyeux et se presse à sa rencontre. Le cœur de la jeune femme se serre en le voyant claudiquer. Son handicap n'altère cependant pas sa vélocité. En quelques instants, il se retrouve en face de sa sœur. Tout à la joie de la retrouver, il ne prête pas attention à Ao qui marche en retrait. Il se précipite sur elle comme un lynx sur sa proie, manquant la faire tomber. Aki rit de joie.

La découverte d'Ao met brusquement un terme à leurs effusions.

Bouche bée, Tsinapa laisse retomber ses bras le long du corps. Les yeux écarquillés de stupeur, il dévisage cet homme étrange, immobile à quelques pas derrière sa sœur.

— Qui es-tu ? interroge-t-il.

Aki répond brièvement à sa place. Guidé par Oummaï, dont les vociférations parviennent jusqu'à eux, le clan tout entier se porte à leur rencontre.

— C'est Ao. Il nous a protégés, moi et le petit. Il est notre ami.

Elle exhibe l'enfant encore endormi.

Ahuri, le jeune homme s'apprête à dire quelque chose mais la voix sèche d'Oummaï claque.

— Viens ici, Tsinapa, intime-t-il.

Surpris par le ton péremptoire, le garçon se soumet à cette injonction. Mais presque aussitôt, il se ravise et va se placer entre sa sœur et Ao qui s'est avancé à sa hauteur.

Soulagé, Aki se serre contre lui. Son sentiment de solitude s'estompe. Ao ne bouge pas. Il attend calmement.

Le visage rouge de colère, Oummaï réitère son ordre :

— Tu m'as entendu ! Reviens par ici !

Mais le garçon reste sourd à cette nouvelle sommation. Il soutient crânement le regard furieux du vieux chasseur.

L'attitude de Tsinapa a raffermi le courage d'Aki.

Le clan fait maintenant cercle autour d'eux.

Aki parcourt des yeux l'assemblée. Elle lit l'étonnement dans les regards, l'inquiétude, la suspicion, la crainte.

Le moment tant de fois imaginé, tantôt appréhendé, tantôt espéré, est enfin arrivé. Conformément aux règles de la politesse, elle attend que les anciens lui donnent la parole.

Elle entend les battements de son cœur, plus forts que le fracas du tonnerre sur le plateau. Mais son regard est ferme. Ses yeux glissent de l'un à l'autre.

Oummaï désigne Ao et rugit :

— Voyez cet être malfaisant que cette femme a amené jusqu'ici contre ma volonté ! C'est lui qui a provoqué la mort d'Aytamak pour s'emparer de sa femme et de son fils. Sachez qu'il a failli me tuer ! Sans l'intervention d'Awami, Oummaï aurait rejoint les ancêtres du clan !

Il adresse un coup d'œil autoritaire à l'homme dont il vient d'évoquer le nom, l'invitant à confirmer ses propos.

Mais celui-ci baisse la tête et garde le silence.

Un brouhaha fait écho au témoignage du chasseur. Chacun commente à sa manière les paroles inquiétantes qu'il a proférées.

Rendu furieux par la défection d'Awami, il crie pour dominer la rumeur.

— Écoutez tous !

Il agite la tête et trépigne en brandissant les poings vers le ciel pour prendre les esprits à témoin.

— Cette femme prétend qu'il appartient à l'ancien peuple des hommes de la toundra ! Mais c'est faux ! Il n'existe qu'une sorte d'êtres humains ! Je ne sais qui il est, ni d'où il vient, mais il n'en fait pas partie. Il ne connaît pas le langage des vrais hommes et ne devrait pas se mêler à eux sous peine de mécontenter les ancêtres. Voyez ses armes grossières ! Il ignore l'existence des sagaies ! Cette fourrure blanche qui recouvre son corps ressemble à celle d'un ours mais de tels ours n'existent pas dans le monde ! Des esprits hostiles l'habitent. Il est leur créature. Ce sont eux qui ont organisé sa rencontre avec cette femme stupide pour qu'elle le mène jusqu'à nos territoires. Après lui, d'autres viendront pour prendre la place des vrais hommes !

Quelques murmures de protestation font écho à ses redoutables prophéties. Il les balaie d'un geste rageur et poursuit :

— Il n'est ni un être humain ni un animal. Il est l'œuvre de la colère d'un esprit. Il faut le tuer ou le renvoyer d'où il vient, car il met le clan en danger. N'écoutez pas les paroles de cette femelle. Elle lui appartient désormais. Il a fait d'elle un chasseur ! Son fils le considère comme son propre père !

Un silence pesant suit les paroles accablantes de l'homme.

Personne n'ose se manifester. On attend l'intervention du chaman. Les regards convergent vers lui. Conscient de l'attente qu'il suscite, le vieillard prend néanmoins tout son temps, comme il sied à un homme qui dialogue avec les esprits.

Immobile, un peu à l'écart, Ao reste impassible sous les regards troublés qui le dévisagent furtivement. Les yeux se baissent lorsqu'ils rencontrent les siens.

Le chaman se décide à intervenir. Il s'avance vers Ao de son pas bondissant. Les autres s'écartent respectueusement devant lui. Ao le regarde s'approcher sans manifester d'émotion apparente. Le chaman ne s'arrête que lorsqu'il se retrouve nez à nez avec lui.

Malgré sa haute taille, il paraît insignifiant en face de cette masse de muscles, plantée devant lui. Mais le vieillard ne semble nullement intimidé. Ses mains osseuses jaillissent de sous son vêtement et se mettent à palper le visage et les épaules du jeune homme. Ao esquisse un léger mouvement de recul. Inquiète, Aki lui adresse quelques mots pour l'engager à ne pas réagir. Ao la rassure d'un geste. Il ne se sent pas menacé par le vieillard. Il respectera ses engagements.

Imperturbable, il le laisse poursuivre son examen. L'homme scrute maintenant son visage, apparemment satisfait. Il marmonne quelques mots avant de se décider à l'interroger.

— Parles-tu notre langue ?

Comme Ao garde le silence, le chaman se tourne vers Aki.

— Peut-il comprendre ?

— Oui, sans aucun doute.

Ao ne répond toujours pas.

Le vieillard ne manifeste aucune impatience. Il continue de le dévisager avec attention. Ao soutient son regard. Il a très bien entendu la question. Il repousse le vieillard sans ménagement, émet une série de sons brefs accompagnés de gestes précis.

Une rumeur hostile parcourt l'assistance.

Aki traduit à l'intention du chaman en haussant la voix pour être entendue de tous.

— Il dit qu'il parle le langage des siens.

Le vieux chaman hoche la tête d'un air entendu. D'un geste, il intime le calme aux chasseurs inquiets.

— Il nous faut maintenant entendre les paroles d'Aki.

Oummaï voudrait s'insurger mais la main de Wagalik se pose sur son épaule. D'un plissement de paupières, il indique au chasseur que lui aussi aimerait écouter sa fille. Des voix s'élèvent pour appuyer la requête du chaman. Oummaï se résigne à se taire.

Alors Aki raconte. Une nouvelle fois, elle évoque la férocité des hommes oiseaux, la fin tragique de Kimi, la dureté des femmes, la perspective de la mise à mort de son enfant. Elle revient sur l'agitation provoquée par l'arrivée d'Ao, sur sa fuite. Elle dépeint la colère du ciel sur le plateau désert, la naissance de son fils dans la caverne, la deuxième rencontre avec Ao. Elle prend le temps d'exprimer d'abord sa terreur, puis sa surprise devant l'attitude bienveillante de l'homme. Elle décrit précisément sa situation pour bien faire comprendre aux siens que ses chances de survie étaient dérisoires.

Elle évoque son désarroi lors du départ d'Ao, sa décision de le suivre. Elle détaille les différentes phases du combat avec les hommes oiseaux, mime l'intervention inespérée de l'ancien homme, ses blessures, la course qu'elle a dû mener pour le soustraire à la voracité des hyènes. Elle explique pourquoi elle a été contrainte de chasser pour les nourrir tous les trois. Elle relate leurs efforts pour communiquer et, sans cesse, elle revient sur la bienveillance d'Ao envers elle et le petit Aytamak, sur le respect témoigné à sa personne.

Elle n'omet pas de leur transmettre toutes les informations qu'elle a pu recueillir sur Ao, le destin tragique de son clan, sa quête.

À plusieurs reprises, elle rappelle l'engagement qu'elle a pris, en leur nom à tous, de l'accueillir dans le camp.

Sa voix se fait plus dure. Elle aborde la rencontre avec Oummaï, Aytamak, Awami et Itaâ. Elle raconte la mort apaisée d'Aytamak, sa gratitude envers Ao qui lui a permis de connaître son fils avant de mourir. Puis elle s'attarde sur l'attitude d'Oummaï, son intolérance, la violence dont il a fait preuve à son égard. Elle ne cherche rien à dissimuler. Oui, Aki a chassé avec l'homme ours. Oui, Ao a failli tuer Oummaï. Mais il a agi pour la défendre.

Essoufflée par ce long monologue, elle s'accorde quelques instants de répit.

Oummaï est rouge de colère. Ao n'a pas bougé. Il a compris l'essentiel du discours d'Aki. Il observe la réaction des autres. Les chasseurs veulent entendre Awami. Tous les regards se tournent vers lui.

Napali invite le jeune homme à prendre la parole :

— Awami doit parler.

L'intéressé vient se placer à côté du chaman. Il fait face à ses congénères. Ses yeux vont d'Aki à Oummaï en passant par Ao. Oummaï lui décoche un regard noir. Le pouls d'Aki s'accélère. Le témoignage du chasseur sera déterminant. Son sourire un peu crispé la rassure. Il savait qu'il n'échapperait pas à cette épreuve et s'y est préparé. Sa voix est ferme. Pressé d'en finir avec cette corvée, il ne s'embarrasse pas de fioritures.

— Aki dit vrai. Notre situation était désespérée. L'homme ours nous a accueillis dans son abri. Il a partagé sa nourriture et il a chassé pour nous tous. Plus tard, Oummaï a frappé Aki. L'homme ours aurait pu le tuer mais il ne l'a pas fait. Il a écouté Aki.

Oummaï hurle de rage.

— Il ment. Pourquoi ne dis-tu pas qu'il n'a cédé que parce que tu le menaçais avec ta sagaie ! Toi aussi, tu es en son pouvoir ! Écoutez plutôt Itaâ. Allez, parle, toi ! Raconte-leur comment cela s'est passé !

La jeune femme reste muette. L'attitude digne d'Ao, le discours d'Aki et les paroles d'Awami ont ébranlé ses convictions. Elle sait que le jeune chasseur a dit la vérité. Mais elle n'ose pas contrarier Oummaï.

Celui-ci vocifère de plus belle. Il menace les siens de mille maux et les met en garde contre la colère des esprits. Il annonce le déferlement de hordes d'hommes ours. Certains, parmi les plus craintifs, semblent accorder quelque crédit à ses funestes prédictions.

Le clan est maintenant divisé.

Le chaman réclame de nouveau le silence. Il s'approche d'Aki et tend les bras vers le bébé.

Il se tourne vers l'assemblée en brandissant l'enfant.

— Voici Aytamak, un chasseur pour le clan.

Il pointe sa main vers Aki.

— Voici Aki, une femme de notre clan. Ils nous reviennent vivants.

Des cris de joie font écho à ses paroles.

Ses yeux de rapace se posent maintenant sur Oummaï. Le vieux sage sait qu'il doit ménager la susceptibilité du chasseur. L'homme a perdu sa fille. La colère l'aveugle mais il est de bonne foi.

Il dit qu'il comprend les craintes du chasseur.

— Oummaï a peur pour les siens. C'est un homme important. Sa parole n'est pas prise à la légère. Mais qu'il se rassure : celui qui se tient sous la peau du grand ours blanc est bien un être humain et non une créature des esprits. Et il n'est pas venu seul !

Il désigne ceux qui sont arrivés avec lui, y compris Oummaï.

— Il nous les a ramenés !

Soudain sa voix tonne et roule au-dessus des têtes, cette voix qui est le signe de son pouvoir, une voix incroyablement puissante, totalement inattendue, qui jaillit de son corps chétif comme la parole des esprits.

— Lequel d'entre vous oserait refuser à cet homme les égards et l'hospitalité qui lui sont dus ? Qui oserait remettre en cause les promesses d'Aki ?

Un silence pétrifié suit ses paroles. Le vieil homme jouit d'une grande considération. Personne n'a jamais mis en doute ses relations privilégiées avec les esprits. Tous savent que ce sont eux qui parlent par sa bouche. Ceux qui s'étaient enflammés aux paroles d'Oummaï baissent la tête.

Sa voix s'adoucit.

— Maintenant, je vais vous raconter une histoire, une partie de l'histoire de notre clan. Certains d'entre vous l'ont déjà entendue. Mais ils n'en connaissent pas tous les détails. Le moment est venu d'y remédier. Cela s'est passé au temps des pères de vos pères sur les berges d'un grand lac salé autour duquel s'étendaient des forêts peuplées d'arbres, dont certains ne poussent pas ici. Les clans étaient nombreux dans la vaste plaine qui s'étirait depuis la mer en direction de montagnes gigantesques, entièrement recouvertes de glace, où les hommes pensaient que finissait le monde. La nourriture n'était plus aussi abondante. Des clans s'affrontaient pour s'approprier les territoires de chasse et de pêche. Certains chamans prétendaient que le monde se poursuivait au-delà des montagnes sacrées. Des chasseurs intrépides ont décidé d'aller voir. Plusieurs hivers ont passé. Un jour, deux hommes sont revenus. Ils ont confirmé que le monde continuait de l'autre côté. Ils ont dit qu'ils avaient marché longtemps vers le nord jusqu'à une steppe qui ne finissait jamais, que le vent partageait avec d'immenses troupeaux d'animaux au pelage épais, faciles à chasser, dont certains leur étaient inconnus. Ils ont dit aussi que le vent était froid, les arbres rares et chétifs, et que la terre gelée était recouverte de neige pendant de nombreuses lunes. Ils ont assuré qu'il n'y avait pas d'hommes là-bas, mais que, peut-être, on pourrait y vivre. Plusieurs clans, dont l'un était celui des pères de nos pères, ont décidé de partir pour ces contrées froides mais giboyeuses. Je n'ai pas connu personnellement l'endroit où vivaient nos pères autrefois. Il m'a été décrit par des anciens. Je suis né au cours de ce voyage qui a duré près de la moitié d'une vie d'homme. Nous ne restions jamais longtemps au même endroit, car nous étions nombreux et les ressources d'un lieu étaient vite épuisées. Nous progressions très lentement. En chemin, des clans se sont arrêtés dans des endroits qui leur paraissaient favorables. Les autres ont continué à marcher vers la grande steppe évoquée par les chasseurs qui nous avaient précédés. Les hivers étaient de plus en plus longs et rudes. Une année, alors que nous avancions à travers des montagnes, la mauvaise saison a commencé très tôt. Les réserves de nourriture étaient insuffisantes. Nous ne connaissions que quelques rares plantes comestibles. Les animaux se terraient dans leurs abris. Les chasseurs devaient affronter le vent glacial pour essayer de ramener de quoi manger. La plupart rentraient bredouilles, certains ne revenaient jamais. Les plus faibles d'entre nous sont morts. La situation était désespérée. C'est alors que nous avons rencontré un clan composé d'hommes à grosses têtes, semblables à celui-ci. (Il désigne Ao du doigt.) Nous ne comprenions pas leur langage. Mais ils étaient bien des êtres humains. Les chasseurs qui s'étaient aventurés par là les premiers s'étaient trompés. Des hommes vivaient dans ces contrées. Mais ils étaient peu nombreux, dispersés sur des territoires tellement grands qu'ils ne les avaient pas rencontrés. Aussi avaient-ils ignoré leur présence ! C'était sans doute la première fois qu'ils voyaient des hommes tels que nous. Leur surprise égalait la nôtre. Ils étaient vêtus de peaux grossièrement assemblées qui les protégeaient du froid. Ils savaient faire naître le feu, et leurs armes, bien que plus lourdes et moins ouvragées que celles de nos pères, étaient robustes et efficaces. Ils ont partagé leur nourriture avec la tribu affamée comme l'a fait cet homme-là avec Aki. Ils nous ont guidés vers une vallée voisine et nous ont aidés à nous installer pour passer l'hiver. Grâce à eux, nous avons survécu. Pendant la belle saison, ils nous ont montré les plantes que nous pouvions consommer et nous ont enseigné les coutumes du gibier dans ces régions. Nous sommes restés deux hivers. Certains des nôtres ont dit qu'il y avait de la place pour d'autres hommes dans ces vallées et la tribu s'est divisée. Une partie est restée à proximité du territoire des anciens hommes. Les autres ont continué vers le nord dans l'espoir de trouver la grande plaine dont parlaient les chasseurs qui en étaient revenus. Ils ont marché longtemps pour contourner les plus hauts sommets des montagnes et beaucoup sont morts mais les survivants ont fini par atteindre la toundra. Aujourd'hui, le vieux Taâwik et moi sommes les derniers à avoir connu le long voyage. Chaque fois que j'en ai eu l'occasion, au cours de rencontres avec des chasseurs de passage, je me suis enquis de ces hommes qui nous avaient accueillis. Certains prétendaient qu'ils n'avaient jamais existé, mais d'autres affirmaient que très loin d'ici, à l'endroit où se couche le soleil, des hommes à grosse tête chassaient dans les plaines qui s'étendent là-bas. (La voix du chaman s'enfle à nouveau. Il semble très ému.) Aujourd'hui, le temps est venu pour nous de rendre le bien, une fois pour nos ancêtres affamés que ces hommes ont aidés, une autre fois pour ceux de notre clan que celui-ci a protégés et ramenés jusqu'ici. (Il poursuit en s'adressant à Aki.) Dis-lui, toi, s'il n'a pas compris, que ta parole sera respectée et qu'il est notre hôte aussi longtemps qu'il voudra rester parmi nous. (Son regard parcourt l'assistance et s'attarde sur celui d'Oummaï.) Ceux qui s'aviseraient de lui faire du tort provoqueraient la colère des ancêtres.

Aki a l'impression de pouvoir à nouveau respirer. Des larmes de soulagement jaillissent de ses yeux. Elle ne voit pas celle qui coule lentement sur la joue parcheminée du chaman.

XI

Le soleil s'est levé trois fois depuis son arrivée. En dépit des paroles de bienvenue du chaman, Ao a conscience que sa présence ne fait pas l'unanimité. Sans lui témoigner d'hostilité, la plupart des habitants l'évitent. Aki occupe une place dans le coin réservé à sa famille dans l'une des quatre huttes qui constituent l'habitat du clan. Ao s'est installé avec Awami dans l'abri attribué aux hommes sans femmes.

Ils n'ont guère l'occasion de se retrouver car la jeune femme est accaparée par le conseil des chasseurs.

Ao passe ses journées à déambuler dans le camp. Indifférent au malaise qu'il suscite, il va d'un groupe à l'autre et observe les habitants s'adonner à leurs activités.

Les enfants le suivent à distance. Seuls les plus hardis se risquent à l'approcher, prêts à détaler à toutes jambes au premier signe d'exaspération de sa part. Exception faite du chaman, Awami et Tsinapa sont les seuls à lui témoigner ouvertement leur sympathie. Ce dernier lui voue une vive reconnaissance pour avoir ramené sa sœur, à laquelle il est très attaché. Après la mort accidentelle de leur mère, plusieurs hivers auparavant, alors qu'il n'était encore qu'un jeune garçon, il avait reporté toute son affection sur sa sœur aînée.

Parmi les autres, beaucoup sont inquiets. Certes, la plupart se réjouissent du retour de la jeune femme et de son fils. Mais Aytamak, l'un des meilleurs chasseurs du clan, est mort. Quel est donc le dessein des esprits ? Pourquoi tant d'intérêt pour cette femme ? Les paroles d'Oummaï résonnent encore dans les oreilles de nombre d'entre eux. Les plus superstitieux croient que l'homme ours a pris la place d'Aytamak.

Ao n'est pas dupe. Il sait que sa présence n'a été acceptée que grâce à l'autorité du chaman. L'influence du vieil homme sur les siens est considérable. Aki n'avait pas placé en vain son espoir en lui. Même si certains sont convaincus que pour une fois il s'est trompé, et redoutent les pires calamités, ils se gardent bien d'afficher leur sentiment, peu désireux de le mécontenter. Ao a compris que ce vieil homme est investi de pouvoirs particuliers qui lui permettent d'interpréter la volonté des puissances invisibles à partir de signes que les autres ne perçoivent pas. Il se souvient de l'homme peint auquel les hommes oiseaux témoignaient la même déférence. Mais les yeux gris de Napali n'expriment pas la fureur de l'autre. C'est par son calme et ses conseils avisés qu'il impose le respect. Ao ne doute pas de sa relation privilégiée avec les esprits. Le clan est prospère. Les vieux atteignent un âge avancé. Les femmes et les enfants sont nombreux.

Le chaman lui a fait savoir qu'il le recevrait bientôt sous sa hutte. En attendant, Ao profite de sa situation pour s'instruire. Personne ne lui demande rien. Il peut vaquer à l'intérieur du camp à sa guise. Chaque jour, il reçoit sa ration de nourriture de la main d'Awami. Depuis leur retour, le jeune homme n'est plus le même. En s'affranchissant de la tutelle d'Oummaï, il a pris une nouvelle dimension au sein du clan. Encouragé par les propos de Napali, il ne craint plus de manifester l'intérêt qu'il porte à cet homme singulier dont il a pu apprécier les qualités.

Ao a renoncé à compter les membres du clan. Il y en a trop. Quel que soit leur sexe, les enfants les plus jeunes sont sous l'autorité des mères, auxquelles ils rendent de menus services en fonction de leur âge et de leurs capacités. Leurs aînés passent de longs moments en compagnie d'hommes et de femmes plus âgés qui leur transmettent leur savoir. Avec eux, ils observent les plantes et les animaux qu'il leur est cependant défendu de tuer. Bizarrement, il semble que le même interdit lui soit appliqué car personne ne le sollicite pour se joindre aux sorties de pêche ou de chasse, en attendant le prochain départ sur la piste des grands troupeaux. Un soir, Ao interpelle Awami à ce sujet.

— Ao voudrait chasser. Ao n'est pas un enfant de ton clan.

Embarrassé, Awami réfléchit quelques instants avant de répondre.

— Nul ne peut prendre la vie d'un animal ou d'une plante s'il ne connaît pas encore les animaux qui sont ses parents, car il risquerait de tuer l'un d'entre eux. Les miens ne connaissent pas tes parents animaux. Ils ne veulent pas offenser les esprits en te proposant de participer à une chasse au cours de laquelle l'un d'eux risquerait d'être abattu !

Ao est perplexe.

— Les animaux ne sont-ils pas tous les parents des hommes ?

Chez les anciens hommes, les chasseurs doivent veiller à la présence, en nombre suffisant, d'animaux semblables à celui qu'ils ont abattu pour permettre à son esprit de revenir parmi eux. Certains gestes précis, accomplis par les chasseurs, favorisent son passage dans un autre corps, faute de quoi les hommes verraient le gibier se détourner d'eux.

Awami fait une moue dubitative.

— Si tous les animaux sont ses parents, Ao ne devrait pas chasser ! Même si sa vie en dépendait, aucun d'entre nous n'accepterait de tuer un de ses parents animaux ! Mais Ao n'appartient pas à notre clan et il doit respecter les lois des anciens hommes. Awami sait qu'il est un chasseur habile. Des choses inhabituelles se sont passées. Une femme est devenue chasseur et les esprits ne semblent pas en être affectés ! Awami ne connaît pas leurs raisons. Mais Napali consultera les ancêtres avant les grandes chasses et nous dira ce qu'il convient de faire. D'ici là, Ao doit être patient.

Ao perçoit la gêne de son compagnon. Il ne veut pas le mettre en difficulté. Il se contentera de cette réponse et attendra que le chaman fasse entendre la volonté des ancêtres des hommes du lac à son sujet. Après tout, il ne s'ennuie pas vraiment. Il a beaucoup à apprendre ici.

Jour après jour, il poursuit ses observations.

Il relève que l'endroit où est installé le clan a été bien choisi. Les montagnes attirent les nuages gorgés de pluie, oubliant la colline. Il n'a plu qu'une seule fois depuis leur arrivée, un orage bref mais violent qui n'a pas endommagé les huttes, confirmant la qualité de ces constructions. De formes allongées, la plus petite d'entre elles suffirait à abriter tout un clan d'anciens hommes. Les couples disposent d'emplacements isolés les uns des autres par des parois de branches entrelacées. L'ossature est constituée de longues perches en bois liées à leurs extrémités, renforcées à la base par des défenses de mammouths et des os longs de grands mammifères. L'espace intérieur, creusé dans la terre, est tapissé de fourrures. La base de chaque abri est composée d'un muret de pierre enfoncé dans le sol, entouré d'une rigole destinée à évacuer l'eau de pluie. Les branches et les peaux qui recouvrent la structure sont solidement assemblées et l'ensemble est assez épais pour résister aux assauts du vent et supporter le poids de la neige.

Les collines environnantes sont tapissées d'airelles et les taillis qui bordent le fleuve et le lac abritent de nombreux oiseaux migrateurs. Les eaux limpides regorgent de poissons que les hommes capturent en les rabattant vers des nasses en saule tressé, disposées dans le courant.

La toundra qui ondule en direction du levant est le territoire des grands herbivores. Chaque année, quand le gel se retire dans les montagnes, les troupeaux se rassemblent pour migrer vers le nord. C'est le début de la saison des grandes chasses tant attendue. Pendant plusieurs lunes, les clans du lac et du fleuve parcourent la steppe en suivant la piste des bisons et des rennes qui leur procurent les peaux et les réserves de viande séchée dont ils ont besoin pour affronter l'interminable hiver.

Pendant la journée, les hommes et les femmes ne se mélangent pas.

Les femmes sont mieux considérées que chez les hommes oiseaux. Bien qu'elles semblent exclues du conseil des chasseurs, certaines d'entre elles sont consultées avant toute décision.

Les observations d'Ao illustrent les propos parfois obscurs d'Aki. De nombreux facteurs interviennent dans les relations entre les individus et la place qu'ils occupent au sein de la communauté.

Awami, auquel Ao fait part de sa perplexité, a bien du mal à lui fournir des explications satisfaisantes, souvent contraint d'invoquer la seule volonté des nombreux esprits dont les hommes doivent s'assurer le soutien pour justifier d'apparentes contradictions ou des comportements singuliers.

Ao finit par comprendre que les interdits et les attributions propres à chaque adulte sont déterminés par les pouvoirs prêtés aux esprits auxquels ils sont directement apparentés, provoquant de nombreuses situations particulières qui s'opposent parfois à l'application de règles plus générales fondées sur des critères tels que le sexe, l'âge, les liens de parenté complexes ou encore les aptitudes de chacun. Ainsi, des activités semblent proscrites aux uns et non aux autres ; une femme ne consommera pas une sorte de plante, un homme ne mangera pas de poisson et bien d'autres attitudes, souvent trop subtiles pour qu'Ao puisse les distinguer toutes en si peu de temps. Ces comportements peuvent n'être que transitoires, liés à des périodes de la vie ou à des situations précises. Une femme enceinte se gardera de manger la chair d'un renard ou d'un lièvre, car ces animaux, qui vivent dans les trous, risqueraient d'inciter l'enfant à refuser de quitter le ventre de sa mère. D'autres aliments sont, au contraire, consommés tout particulièrement par les femmes enceintes ou les jeunes filles qui souhaitent le devenir. Le chaman n'est pas en reste, s'interdisant de nombreux aliments dont l'ingestion risquerait de lui enlever sa clairvoyance. Les transgressions volontaires ou accidentelles sont rares, mais lorsqu'elles se produisent, les responsables doivent, sous le contrôle du chaman, adopter certaines postures ou se plier à de nouvelles contraintes destinées à compenser l'offense infligée à tel ou tel esprit.

Excellents chasseurs, ils tirent une grande part de leur subsistance des rennes et des bisons, sans pour autant dédaigner les autres herbivores tels le cheval et le mégacéros. Opportunistes, ils ne craindront pas de s'en prendre à un rhinocéros ou à un mammouth blessé ou isolé. Même parmi les plus âgés, nul ne reste inactif. Les vieux ramènent des quantités non négligeables de poissons et de volatiles.

Bien que leur implantation dans cette région ne date que de deux générations, ils connaissent de nombreuses plantes qu'ils récoltent à des moments précis pour les consommer ou les faire sécher.

En toute situation, les hommes et les femmes apportent le plus grand soin à leurs entreprises, se conformant à des usages dont la nécessité ne s'impose pas toujours aux yeux d'un observateur étranger tel Ao, apparemment persuadés qu'ils sont le gage de succès de leurs actions.

Tous les hommes consacrent un temps important à l'entretien et à la confection de leurs armes. Ao se souvient des pénibles expéditions vers les rares et lointains gisements où son clan allait prélever la pierre grise, nécessaire à la fabrication des outils et des armes. Ici, le moindre fragment de silex est réutilisé. Chaque pierre donne naissance à un nombre étonnant de lames et de pointes.

S'il a déjà eu l'occasion d'apprécier le savoir-faire d'Aki, il découvre l'extraordinaire habileté de certains tailleurs.

Leurs mains ont le pouvoir de commander la pierre, de la rendre inépuisable. Bien qu'il ait remarqué que sa présence les indisposait, comme s'ils craignaient qu'elle ne soit préjudiciable à la qualité de leur œuvre, Ao ne se prive pas d'observer les artisans au travail.

Il a vite repéré le plus habile d'entre eux. C'est un homme âgé qui consacre la plupart de ses journées à cette activité.

La qualité et l'efficacité de ses productions le conduisent à être souvent sollicité par des hommes et des femmes pour remettre en état des armes et des outils ou pour toutes sortes de réalisations, en échange de quoi ils lui fournissent des peaux et de la nourriture.

Cet homme travaille avec une dextérité et une apparente facilité qui impressionnent Ao. Il passe de longs moments à le regarder travailler, debout à un pas de lui, les yeux rivés sur ses mains, sans cacher son admiration qu'il manifeste en laissant échapper quelques grognements enthousiastes. Le vieil homme semble évoluer dans un monde à part, un monde peuplé de pierres, de bois de renne, de défenses de mammouth et d'os auxquels il s'adresse comme à des êtres vivants. Il est l'un des rares que la présence d'Ao ne semble pas contrarier. Il feint de ne lui prêter aucune attention.

Pourtant, ce matin, un observateur attentif aurait surpris ses regards lancés en direction de la hutte occupée par Ao et son air satisfait lorsqu'il en émerge enfin pour venir prendre son poste d'observation à ses côtés.

Le tailleur soupèse et caresse longuement la pierre. Ses doigts s'attardent sur les aspérités, glissent le long des arêtes naturelles. Il murmure des paroles dont Ao ne comprend pas le sens. Sans doute demande-t-il à la pierre comment procéder pour tirer d'elle le meilleur parti. Les gestes qui suivent sont vifs et précis. Il utilise successivement plusieurs outils pour parvenir à ses fins.

Souvent, Ao croit que l'objet est terminé alors qu'il n'en est rien. Comme il en avait déjà eu l'intuition en observant Aki, l'homme ne se contente pas d'un résultat sur lequel Ao n'aurait pourtant aucun reproche à formuler. Il brandit son œuvre à la lumière du soleil et la considère sous toutes ses facettes. S'il n'est pas satisfait, il poursuit ses efforts jusqu'à obtenir la forme qui lui confère son pouvoir et son efficacité.

Aujourd'hui, l'homme est très inspiré.

Ao essaye d'échapper à cette fascination qui finit par provoquer chez lui un sentiment de frustration lorsqu'il entrevoit la distance qui le sépare de ces hommes. Il en revient toujours aux mêmes interrogations.

Les siens pourraient-ils parvenir à se concilier les nombreux esprits attachés aux hommes nouveaux ? Doivent-ils adopter ces comportements étranges et compliqués dont la nécessité lui échappe la plupart du temps ? Pourront-ils seulement y parvenir ? N'y a-t-il pas d'autre issue pour les anciens hommes ?

Perdu dans ses réflexions peu encourageantes, il n'a pas entendu arriver Aki. Lorsqu'il la voit, sa morosité se dissipe aussitôt.

La jeune femme tient le petit Aytamak dans ses bras. Ao ne l'a pas revu depuis leur arrivée dans le camp. Il tend les mains vers lui. L'enfant s'agite comme une truite pour s'échapper des bras de sa mère. Aki rit en accédant à leur désir réciproque.

— Le chaman sollicite ta présence. Il a demandé que je sois là aussi. Viens, il nous attend.

Ao acquiesce et lui emboîte le pas. Aki est joyeuse. Les choses se sont passées mieux qu'elle ne l'espérait. Les réticences d'une partie du clan ne lui ont pas échappé mais elle est optimiste. Elle est persuadée que tous finiront par accepter Ao.

La tension, accumulée au cours des longues journées passées à répondre aux questions qui se pressaient dans la bouche du chaman et des chasseurs du clan, s'évanouit en présence d'Ao. Lui marche tranquillement, accaparé par le petit Aytamak qui glousse contre sa poitrine entre deux éclats de rire.

Aki attend le dernier moment pour lui reprendre l'enfant qu'elle s'en va confier à la surveillance d'une femme.

Ao se dirige vers la hutte du chaman. C'est un abri semblable aux autres mais plus petit, bâti au milieu du camp. Aki le rattrape et l'engage à pénétrer à l'intérieur. Napali et Tsinapa sont assis face à face, immobiles et silencieux. Ao sourit, rassuré par la présence de son ami. Celui-ci lui renvoie son sourire. Il tient un caillou dans chaque main.

Quelques braises rougeoient dans le foyer situé au centre de l'abri, délimité par un cercle de pierres. Un peu de lumière pénètre par l'ouverture aménagée au faîte de la hutte pour permettre l'évacuation de la fumée. D'épaisses fourrures recouvrent le sol grossièrement dallé. Quelques pierres volumineuses permettent au chaman de s'adosser et de poser sa nourriture.

De part et d'autre de la hutte sont disposés des panneaux d'écorce polie sur lesquels Ao distingue des formes animales et des traces de couleur dans la semi-obscurité.

Le chaman leur fait signe de s'asseoir. Il jette une poignée d'herbes sur les braises. Une fumée âcre envahit l'espace avant de trouver le chemin qui mène à l'extérieur.

Ao tousse. La tête lui tourne un peu. À la lumière des flammèches, Napali paraît beaucoup plus vieux. Ses cheveux sont blancs et longs. Sa peau foncée, parsemée de taches et de rides, ressemble à l'écorce des vieux arbres. Le regard d'Ao s'arrête sur les yeux de l'homme dont la couleur est semblable aux ciels d'orage. Le chaman lui renvoie son regard. Il fait très chaud et le vieillard est torse nu. Le regard d'Ao s'attarde sur sa poitrine où s'étale un collier extraordinaire, tel qu'il n'en a encore jamais contemplé de si près. Des pièces en bois poli, évoquant des animaux, y côtoient des perles et des coquilles nacrées de différentes formes.

À la lueur dansante des flammes, Ao voit les silhouettes animales galoper autour du vieil homme. Il ne se sent pas très bien. Il essaye de regarder ailleurs. Ses yeux se posent sur les panneaux d'écorce où il croit reconnaître d'autres animaux associés à des signes dont la signification lui échappe. Tout ce monde tourne autour de lui dans une sarabande effrénée qui accentue son malaise. Il est pris de vertige et de nausées.

Le chaman lui paraît de plus en plus vieux. Comment un homme peut-il vivre aussi longtemps ?

Ao est oppressé. Il lutte contre l'envie d'arracher le collier et de fuir. Personne ne l'arrêterait. Mais il n'est même pas sûr d'être capable de se lever ! Le chaman le tient en son pouvoir.

Aki et Tsinapa ne s'intéressent pas à lui. Leurs yeux sont perdus dans la contemplation de leurs visions. Les paupières mi-closes, le chaman invoque les esprits. Ses lèvres bougent. Une sourde mélopée s'échappe de sa bouche. L'air se met à vibrer. Ao gronde. Il a peur.

Indifférent à l'émotion d'Ao, le vieillard continue de psalmodier. Soudain, il se lève d'un bond avec la vivacité et la souplesse d'un jeune homme. Il entame une danse effrénée, rythmée par le son mat des galets entrechoqués de plus en plus vite par Tsinapa.

Le vieillard se trémousse longtemps autour du feu dont il piétine les braises sans manifester la moindre douleur, faisant preuve d'une vigueur et d'une résistance hors du commun.

Ao ne songe plus à fuir. Il reconnaît là une pratique très répandue parmi les siens. Le chaman s'écroule. Il roule sur les peaux en tous sens, agite convulsivement les membres avant de se raidir, les yeux révulsés.

Malgré la chaleur, Ao frissonne lorsqu'il croit reconnaître quelques mots appartenant au langage de son peuple s'échapper de la bouche du chaman.

Les visages des siens lui apparaissent, comme un encouragement à persévérer dans ses efforts.

Le temps est suspendu dans cette hutte obscure. Les dernières braises épargnées par les convulsions du chaman ont cessé de rougeoyer depuis longtemps. L'obscurité est presque totale, car à l'extérieur, la nuit est en train de tomber.

Le vieillard est revenu s'asseoir à sa place. Il est épuisé. Il dodeline de la tête. Après un long silence, Aki demande au chaman s'ils peuvent partir. Le chaman acquiesce.

Avant leur départ, il s'adresse à Ao :

— Le voyage à la rencontre des esprits est une dure épreuve. Napali a entendu leur message. Maintenant il doit dormir un peu. Demain, Ao sera son invité. Nous partagerons la nourriture et nous évoquerons les questions importantes.

L'homme a parlé lentement, articulant bien les mots. Le respect qu'il veut témoigner à son interlocuteur est manifeste.

Ao croit l'entretien terminé et s'apprête à sortir de la hutte. Le chaman s'est levé. Il paraît fouiller dans sa mémoire. Soudain, il s'agite à nouveau. Les sons sont incertains, les gestes imprécis et désordonnés mais Ao reconnaît les paroles de bienvenue en usage parmi les anciens hommes, formulées à son intention par cet homme puissant.

La plus grande confusion règne dans l'esprit d'Ao. Dehors, la lune est pleine. Le ciel est dégagé. Les étoiles innombrables scintillent. Aki frissonne. Ao la regarde d'un air absent.

— J'ai froid. Je vais dormir, décrète-t-elle.

Elle se hâte vers sa hutte.

Ao n'a pas envie de regagner son abri. Il respire à pleins poumons l'air frais descendu de la montagne et va s'asseoir contre un rocher.

Trop excité pour dormir, il revit chacune des scènes dont il a été témoin. Mais la fatigue finit par avoir raison de ses émotions. Il s'endort sous le regard de la lune, tandis que les paroles de bienvenue des anciens hommes, prononcées par le chaman, résonnent dans sa tête.

Il se réveille sous les premiers rayons du soleil, trempé par la rosée du matin. Le camp s'anime peu à peu autour de lui. Aki surgit avec le petit Aytamak.

— Aujourd'hui, je ne viens pas avec toi, dit-elle.

Ao hoche la tête. Il n'a plus d'appréhension. Il est impatient de retrouver le chaman et d'entendre ses révélations.

XII

Ao rejoint le chaman dans sa hutte. Il s'introduit sans façon dans l'ouverture béante. Napali s'affaire autour du feu. Quelques racines, enfouies sous la cendre, dégagent un arôme agréable qui met le jeune homme en appétit.

Napali lui fait signe de s'asseoir.

Dans la clarté du jour qui pénètre par l'entrée, les formes peintes sur les panneaux d'écorce ont perdu leur éclat.

Le chaman le dévisage d'un air bienveillant et l'encourage à se servir de la nourriture. Lui-même mange de bon appétit.

Rassasié, Ao attend poliment que Napali prenne la parole.

Le vieil homme commence par l'interroger.

— Es-tu satisfait de l'hospitalité des miens ? As-tu à te plaindre de l'un ou l'autre d'entre eux ?

Ao entend avec stupeur le jargon qu'il a mis au point avec Aki et qu'ils utilisent pour communiquer. Voilà donc l'activité à laquelle se livrait le chaman pendant les longs moments passés en tête à tête avec Aki ! L'homme a pris la peine d'apprendre ce langage dans le seul but de pouvoir s'entretenir correctement avec lui !

Il en profite pour aborder la question de la chasse.

— Ao n'a pas à se plaindre. Il marche dans le camp. Il observe. Personne ne lui demande rien. Il mange à sa faim. Mais Ao n'est pas un enfant, c'est un chasseur ! Beaucoup d'animaux ont déjà consenti à mourir de sa main.

Le chaman cligne des yeux d'un air entendu.

— Napali comprend l'impatience d'Ao. Les anciens hommes sont de grands chasseurs. Autrefois, nos pères ont chassé à leurs côtés. Napali se souvient. Pourquoi les esprits devraient-ils s'en offenser aujourd'hui ? Ce sont eux qui ont favorisé la rencontre entre Ao et Aki. Hier, Napali a voyagé en compagnie des ancêtres. Avec eux, il a survolé les montagnes et il est retourné là-bas, dans la vallée où les anciens hommes chassaient autrefois. Il a revu leurs visages, il a entendu leurs paroles de bienvenue, leurs rires. Les hommes du lac l'ignorent mais une partie des connaissances qu'ils croient puiser dans la mémoire du clan leur ont été transmises par les anciens hommes. Ils nous ont enseigné les coutumes des animaux qui vivent de ce côté du monde. Ils nous ont montré les plantes qui permettent de voir plus loin et d'entendre mieux, celles qui chassent le mal et apaisent la douleur, celles qui nourrissent les corps. Ils nous ont appris à observer les signes et à écouter les messages du vent. Ils nous ont enseigné les manières du grand gel. Napali sait tout cela. Mais les autres l'ont oublié. À l'exception du vieux Taâwik, ils n'étaient pas là-bas, ou alors ils étaient trop jeunes. Pour que les paroles de Napali puissent faire leur chemin, celles d'Oummaï devaient d'abord s'en aller, car elles ont fait naître le trouble dans leurs pensées. Napali remercie Ao pour sa patience. Le temps est venu maintenant pour lui de chasser aux côtés des hommes du lac. Napali a parlé avec Wagalik, celui qui mène la chasse. Les rennes se sont rassemblés avant d'entreprendre la grande migration vers le nord. Ils sont tout près, à peine à une journée de marche. Les guetteurs les ont vus. Je l'ai appris ce matin. Ils sont venus nombreux saluer la venue de l'homme ancien. Wagalik a convaincu les chasseurs de l'accepter parmi eux. La chasse sera bonne. Lorsqu'ils compteront les animaux abattus, ils se réjouiront et plus d'un cherchera à lui témoigner son amitié.

Ao acquiesce.

— Le vieil homme qui parle avec la pierre est déjà mon ami.

Napali sourit.

— Cela ne m'étonne pas. Le vieux Taâwik aime que l'on s'intéresse à son œuvre ! Lui aussi se souvient de la rencontre avec les anciens hommes. Même s'il était très jeune, il n'a pas oublié les saisons passées sur leurs territoires. Comme Napali, il se réjouit de vivre un moment comme celui-ci…

Le regard du chaman s'est absenté. Ses yeux se portent loin à travers le temps et l'espace. Il revit cette rencontre dont les années n'ont pas effacé le souvenir. Sa voix emporte Ao avec lui.

— Les nôtres s'étaient préparés à défendre chèrement leur vie. Ils n'étaient pas convaincus d'avoir affaire à des êtres humains, car ceux qui étaient revenus des terres froides avaient dit qu'ils n'avaient pas rencontré d'hommes dans ces régions. Mais il y avait parmi nous un chaman que tous les clans respectaient. Cet homme avisé a vu que ces êtres n'étaient pas hostiles mais curieux. Il a vu qu'ils portaient des vêtements, certes rudimentaires, mais bien adaptés au froid. Il a vu aussi que leurs armes, grossières et lourdes, n'en étaient pas moins des armes, et qu'entre leurs mains, elles devaient être redoutables. Cette scène est restée gravée dans ma mémoire. Les anciens hommes étaient peu nombreux, guère plus de quatre mains d'hommes et de femmes dont quelques enfants et un couple âgé. Sans le savoir, nous nous dirigions vers leur campement. Ils nous avaient repérés la veille et la bande au complet s'était portée à notre rencontre. Aucun ne semblait avoir autorité sur le groupe. Manifestement, ils n'avaient jamais vu d'hommes tels que nous et ne cachaient pas leur étonnement. Ils ne comprenaient pas notre langue mais nous n'avions pas besoin de parler pour leur faire appréhender notre situation. L'épuisement et la détresse se lisaient sur les visages, dans les regards abattus, sur les corps amaigris, les vêtements usés. Silencieux et résignés, obéissant aux injonctions du chaman, les survivants de nos clans se sont regroupés derrière lui. Une pluie glaciale achevait de rendre plus pitoyable encore le spectacle que nous offrions. Ils se sont approchés et nous ont tourné autour pendant un long moment en s'interpellant avec des cris et des gestes. Puis ils nous ont fait signe de les suivre. Ils nous ont conduits à leur campement tout proche. Il n'y avait pas de place pour nous dans leurs petites huttes et nous nous sommes regroupés à proximité sous une vaste saillie rocheuse. Ils sont allés chercher de la viande et des peaux. Nous nous sommes jetés sur cette nourriture comme des loups affamés. Ils riaient en nous regardant. Le lendemain, ils nous ont emmenés dans une vallée voisine et nous ont laissé de quoi manger pour quelques jours. Par la suite, ils sont revenus nous voir par petits groupes et nous avons appris quelques rudiments de leur langage. Ils ont fait preuve de patience envers nous. Ils riaient de notre ignorance, tout en manifestant beaucoup d'intérêt pour nos sagaies. Ils étaient très impressionnés par la précision avec laquelle nous nous en servions pour frapper les animaux de loin. Mais leurs boules de pierre reliées entre elles par des lanières étaient aussi très efficaces. Profitant d'un temps redevenu plus clément, nous avons chassé avec eux et nous avons pu constituer quelques maigres réserves avant que les grands froids ne s'installent pour de bon. L'hiver a été très dur. À plusieurs reprises, nous avons été contraints d'aller leur demander de la nourriture. Pendant plusieurs lunes, un couple de vieux est venu vivre avec nous. Ils nous ont appris à vivre dans cette partie du monde. Ils étaient intimes avec le moindre habitant de ces vallées. Puis, un matin, ils sont partis. Dès que le temps le permettait, nos chasseurs se précipitaient sur les traces du gibier. Ils ont suivi avec succès les recommandations des anciens hommes. Mais quand ils ont voulu aller leur offrir une part de leur butin, ils ont vu qu'ils n'étaient plus là. Je crois qu'eux aussi ont souffert du manque de nourriture, aussi bien à cause des ponctions effectuées sur leurs réserves à notre arrivée que des prélèvements auxquels nous nous sommes livrés sur leur territoire. Nous étions au moins cinq fois plus nombreux qu'eux ! En nous accueillant comme ils l'ont fait, ils ne pouvaient ignorer qu'ils compromettaient leur propre existence ! Plusieurs des nôtres sont morts au cours de cette mauvaise saison qui a duré très longtemps. À la fin de l'été, les anciens hommes sont revenus. Cette fois, ils se sont montrés plus distants. Le couple qui avait vécu avec nous quelque temps n'était plus parmi eux. Nous sommes restés deux hivers. Les rencontres étaient rares mais amicales. Ils nous ont appris que des clans d'hommes semblables à eux vivaient dans les collines plus au nord. Nos chasseurs s'imposaient de longs déplacements afin d'empiéter le moins possible sur leurs territoires de chasse. Ils ne manquaient jamais d'aller leur remettre une part du gibier abattu. Ils n'étaient pas là quand nous sommes partis et nous ne les avons plus revus. Nous n'avons pas rencontré leurs parents du nord. Comme je l'ai déjà raconté, les rescapés d'une partie des clans qui composaient la grande tribu ont décidé de rester là-bas. Les autres, dont j'étais, ont continué à marcher vers la grande plaine. Nous avancions très lentement et nous avons mis encore trois hivers à contourner les montagnes. Un matin, du sommet d'une colline, nous avons vu le soleil embraser la steppe. Il était énorme et paraissait tout proche. Il a roulé sur la plaine avant de prendre son envol. Alors nous avons vu les gigantesques mammouths et les grands cerfs brouter l'herbe rase de la toundra. Le lendemain, les troupeaux de rennes et de bisons ont surgi, plus nombreux que les arbres d'une forêt. Pendant toute la belle saison, nous les avons suivis et ils nous ont menés jusqu'au grand lac.

Le vieil homme s'interrompt quelques instants pour reprendre son souffle avant de poursuivre son récit.

— Il y a de nombreuses années, lorsque j'étais plus jeune, en compagnie de deux chasseurs qui sont morts depuis, nous sommes partis à la recherche des anciens hommes qui nous avaient accueillis mais nous ne les avons pas retrouvés. Les chasseurs que nous avons rencontrés en chemin se sont montrés méfiants, et même hostiles, à l'évocation de leur nom. Nous avons dû quitter rapidement leurs territoires. Nous avons passé la saison froide quelque part dans une de ces vallées, non loin de l'endroit où nous avions rencontré les anciens hommes. Dès le retour des beaux jours, nous avons poursuivi nos recherches. Mais en vain. Nous n'avons pas trouvé non plus ceux de la grande tribu qui avaient choisi de rester là. Alors, nous avons décidé de rebrousser chemin. Mais plutôt que de contourner les hauts sommets par le nord, comme l'avaient fait nos pères, nous avons cherché un passage pour les traverser. Les risques étaient grands, car le froid qui règne sur ces hauteurs est extrême. Rien ne vit sur cette terre de glace et de roche où soufflent les tempêtes. Sur le point de renoncer, nous avons trouvé le glacier que tu peux voir de l'autre côté du lac, là où la montagne s'est affaissée. L'esprit du glacier a accepté de nous laisser marcher sur son dos. Depuis notre retour, je n'ai jamais cessé de m'enquérir du sort des anciens hommes auprès des chasseurs de passage. Le monde est vaste, peut-être qu'il ne finit jamais. Certains m'ont fait part de la présence de clans d'hommes à grosse tête près de l'endroit où se couche le soleil, très loin d'ici, au-delà des montagnes sacrées, là où nos ancêtres croyaient que finissait le monde. C'est là qu'il te faudra aller. En chemin, tu rencontreras des êtres humains différents. Certains se comporteront comme ceux que tu as affrontés. Mais d'autres, moins belliqueux, pourraient aussi te témoigner de l'hostilité. Il te faudra rester sur tes gardes.

Le chaman lève la tête et dévisage Ao pour quêter son approbation. Après avoir acquiescé d'un mouvement de tête, le regard du jeune homme se porte sur le collier qui s'étale sur la poitrine nue du vieillard. Napali l'enlève et invite Ao à s'en saisir.

Avec précaution, Ao s'empare du précieux objet. Ses doigts glissent sur la surface polie de l'écorce et s'arrêtent sur les coquilles nacrées.

— Ce sont les abris de petits animaux qui vivent dans la grande eau salée, là où se trouvait le territoire de nos pères et des pères de nos pères. Leur chair nourrissait les hommes. Il en existe de différentes sortes. Quand ils ont commencé à manquer, les animaux qui vivaient dans les forêts adossées au littoral n'ont pas suffi à nourrir tous les clans. C'est l'une des raisons qui ont poussé nos pères à entreprendre le long voyage vers le nord à la recherche de la grande plaine giboyeuse… Je me souviens des conciliabules interminables entre les chasseurs fatigués, en proie au doute. Malgré la distance parcourue, certains voulaient rebrousser chemin. Vois cette pierre blanche, gravée de sillons, dans ce coin ! C'est une pierre à marquer le temps. Chaque encoche correspond à un hiver. La première a été faite au moment du départ et la dernière à notre arrivée ici.

Ao prend la pierre dans sa main. Il la considère avec intérêt. Il suit les nombreuses stries avec les doigts.

Le vieil homme reprend.

— Cette pierre est très précieuse pour notre clan. Elle connaît le chemin emprunté par nos pères pour venir jusqu'ici. Chaque fois que l'homme qui en avait la charge y a gravé un trait, il a aussi marqué un rocher ou un arbre à l'endroit où il se trouvait, à l'intention des ancêtres. Ainsi leurs esprits ont-ils pu nous suivre jusqu'ici.

Ao restitue la pierre au chaman. Il a quelque chose à dire.

— Les miens aussi ont dû quitter leurs anciens territoires, harcelés par des hommes oiseaux. Ils ont marché dans la direction d'où vient le vent froid, ils sont allés jusqu'à l'endroit où le soleil ne se lève plus, là où la terre est gelée en permanence, où les rares animaux sont blancs comme la neige et où le vent peut tuer en quelques instants. Les êtres humains ne peuvent pas vivre là-bas. Ao est le seul survivant parmi plusieurs clans d'anciens hommes.

Le chaman acquiesce gravement.

— Aki m'a conté dans le détail les événements qui t'ont conduit sur son chemin. Mais Napali l'a déjà dit. Le monde est très vaste. Les montagnes, les lacs, le fleuve, la toundra elle-même, n'en sont qu'une partie. Si Ao ne craint pas d'aller aussi loin qu'il le faut, jusqu'à l'endroit où se couche le soleil, il trouvera les anciens hommes. Napali en est convaincu.

Le vieil homme extrait un coquillage du collier. Il caresse l'objet avec vénération.

— Le père de Napali a conservé ces coquilles pour se souvenir du lieu où il est né. Elles ont une grande valeur pour les miens. Autrefois, elles étaient innombrables sur les rives de la grande eau. Mais ici, si loin à l'intérieur des terres, les hommes leur confèrent le pouvoir d'attirer sur eux la faveur des esprits. Si Ao rencontre les membres de la grande tribu qui sont restés à proximité du territoire des anciens hommes, il leur montrera ce coquillage. Ils l'écouteront et accepteront peut-être de l'accueillir en ami. Prends-le !

Ao s'en empare respectueusement. Il ne refusera pas l'alliance avec ces esprits puissants. Il le range dans le petit sac suspendu à son cou où il va rejoindre ses propres amulettes qui lui permettent de garder le contact avec ceux de son clan et le préservent des forces hostiles.

Il remercie le chaman.

— Ao ira de l'autre côté des montagnes et marchera en direction du soleil couchant, là où vivent encore les siens, car les âmes de ceux qui sont morts comptent sur lui. Mais d'abord Ao chassera avec les hommes du lac. Il partira après.

Napali paraît soudain très las. Il fixe son regard dans celui de son interlocuteur.

— Si un jour, Ao doit renoncer à retrouver les siens, qu'il revienne parmi nous. Peut-être que les ancêtres des hommes du lac accueilleront les ancêtres des anciens hommes.

L'entretien est terminé. Ao attend encore un moment, pour s'assurer que le chaman n'a plus rien à lui dire, avant de sortir de la hutte.

XIII

Le soleil est déjà haut dans le ciel. Les quelques racines avalées n'ont fait qu'aiguiser l'appétit d'Ao. Une odeur de viande grillée flatte ses narines. Le jeune homme cherche Aki des yeux. À l'extrémité du camp, les chasseurs sont rassemblés et devisent bruyamment. Sans doute évoquent-ils la chasse à laquelle Ao a été convié par le chaman.

Tsinapa se dirige vers lui. Il a du mal à maîtriser son excitation.

— Je t'attendais. Les guetteurs sont revenus ! Les rennes se rassemblent dans la toundra ! Au milieu du jour, les chasseurs se mettront en marche. Wagalik a dit que tu serais des leurs !

Ao sourit.

— Ao sait. Il vient de l'apprendre de la bouche même du chaman.

Aki se joint à eux. Impatiente, elle le presse :

— Alors ! Raconte ! De quoi avez-vous parlé si longtemps ?

Ao s'efforce de satisfaire sa curiosité. Il essaye de lui rapporter le plus fidèlement possible les propos du chaman.

Du long discours, elle ne semble retenir qu'une seule chose.

— Ainsi, tu vas bientôt partir ?

Ao ne répond rien. La jeune femme a perdu son enthousiasme.

Ils se promènent en silence dans le camp. Leurs pas les mènent vers le groupe des chasseurs.

Awami les aperçoit et leur fait signe d'approcher. Il crie à l'attention d'Ao :

— Je t'avais dit d'être patient ! Le moment que tu espérais est venu !

Les chasseurs ont sorti d'une hutte des peaux de rennes entières.

Ao s'empare de l'une des peaux. Il imite le cri du mâle en avançant à quatre pattes.

Awami rit en voyant Ao se transformer en renne. Ao rit aussi.

Oummaï leur adresse un regard courroucé.

Les deux amis redeviennent sérieux. Awami entreprend de décrire le déroulement de la chasse à venir.

— D'abord nous observons le troupeau pour savoir dans quel sens il se déplace et pour repérer les animaux les plus éloignés, susceptibles d'être isolés. Nous étudions aussi les particularités du terrain, la présence d'obstacles, de ravins ou de monticules propices à l'approche et à l'encerclement. Puis les chasseurs se scindent en plusieurs équipes. À chacune est attribué un poste précis. En chemin, les chasseurs s'enduisent la peau avec du crottin frais, prélevé sur la piste des animaux, afin de masquer leur odeur. Peu avant l'aube, quand les feux du ciel s'éteignent, l'un des groupes donne le signal de l'assaut. Les chasseurs se dressent simultanément pour exécuter la manœuvre d'encerclement prévue, en veillant à ménager un passage afin de permettre aux animaux qui ne pourront être abattus de fuir vers le gros du troupeau. Il faut éviter que, pris de panique, ils ne s'égaillent en tous sens. L'opération requiert coordination et rapidité d'exécution.

Les rennes sont des animaux véloces. Ils profiteront du moindre espace pour s'échapper. Chacun emporte plusieurs sagaies. Cette nuit, personne ne dormira. Nous partirons bien avant le lever du soleil.

Ao a écouté avec attention. Les manœuvres décrites par Awami ne sont pas très différentes de celles auxquelles avaient recours les anciens hommes avant l'arrivée des hommes oiseaux. Même s'il n'y a pas participé, Ao a vu les chasseurs mimer les grandes chasses d'autrefois. À la place des sagaies, ils utilisaient les bolas et les épieux.

— Ao n'a pas de sagaies. Il utilisera son épieu et les pierres liées dont les anciens hommes se servent pour abattre les animaux à distance.

Awami acquiesce.

— Awami a déjà eu l'occasion d'apprécier l'efficacité de ces armes entre les mains d'Ao. Mais s'il le souhaite, cette fois, Ao peut s'essayer à l'usage de la sagaie. À l'occasion de sa première chasse en compagnie des hommes du lac, je crois que le vieux Taâwik a quelque chose à lui remettre…

Les deux chasseurs regardent l'intéressé s'approcher d'eux d'un pas raide. Le vieil homme tient dans sa main trois fines sagaies. Comme à son habitude, son visage est aussi impassible que les pierres auxquelles il s'adresse. Sans un mot, il les tend à Ao, qui hésite à s'en emparer. Il jette un regard interrogateur à son compagnon. Awami en prend une, la soupèse et passe son doigt sur la pointe effilée. Une expression admirative se peint sur son visage.

— Le vieux Taâwik s'est surpassé pour son ami Ao ! Prends-les ! Il les a faites pour toi.

Avec respect, Ao se saisit de ces armes redoutables. Il ne sait pas quoi dire, alors il ne dit rien. Satisfait, le vieil homme s'en va.

— À force de parler avec la pierre, le vieux Taâwik a oublié le langage des hommes mais Ao est bien son ami ! assure Awami.

Fasciné, Ao caresse les sagaies acérées, s'extasiant devant leur légèreté et leur robustesse. Il ne regrette pas d'avoir fait confiance à Aki en l'accompagnant jusqu'ici. Il se réjouit d'aller chasser avec les hommes du lac. Bientôt, il saura si les sagaies acceptent d'obéir à un ancien homme.

Très excités, les enfants s'amusent avec les peaux les plus abîmées, mimant la chasse à grand renfort de cris et de courses précipitées à travers le camp. Le chaman invoque les esprits pour leur annoncer la première grande chasse du printemps et solliciter leur concours. Des hommes entrechoquent des pierres ou martèlent des troncs creux sur des rythmes de plus en plus rapides. Les chasseurs, recouverts des peaux de rennes, dansent en brandissant leurs sagaies. Les feux crépitent. Personne ne mange pour ne pas alourdir son corps et garder l'esprit vif pendant la chasse.

Ao se mêle à eux. Certains font cercle autour de lui. Ils apprécient ses contorsions qui suggèrent les scènes de chasse des anciens hommes. Entièrement nu, le corps enduit du sang de la terre, le chaman danse lui aussi.

Ce sont les femmes qui donnent le signal du départ. Les plus âgés parmi les enfants ont veillé jusque-là, ne voulant manquer ce moment pour rien au monde. Bien que titubants de fatigue, ils accompagnent leurs parents jusqu'aux berges du fleuve. Malgré le froid, les hommes et les femmes s'engagent sans hésiter dans l'eau noire du gué. Sur certaines portions, entre les îlots de sable, ils doivent nager. Mais ils ne sentent ni le froid ni la faim. L'intensité de leur nuit de veille et l'exaltation repoussent les limites de leur résistance physique.

L'un derrière l'autre, les membres de l'expédition se hâtent vers le sommet de la pente qui s'élève de l'autre côté du cours d'eau.

Au crépuscule du matin, tapis dans l'herbe, ils contemplent l'immense troupeau répandu à perte de vue dans la toundra. Le responsable des opérations, qui n'est autre qu'Oummaï, donne des instructions à ses compagnons.

Le vieux chasseur a été désigné pour conduire la chasse. C'est la première fois que Wagalik délègue ses prérogatives et ne participe pas à un événement de cette importance. Cette décision n'est pas anodine. Avec sagesse, le vieux chef, soucieux de maintenir la cohésion à l'intérieur du clan, a tenu à lui signifier publiquement son estime et sa confiance. La bonne foi du chasseur n'est pas mise en doute et nul ne doit lui tenir rigueur d'avoir été mal inspiré.

Awami confirme à Oummaï son intention de faire équipe avec Ao. L'homme esquisse une moue dubitative mais s'abstient de tout commentaire. La présence de l'homme à grosse tête lui a été imposée. Il n'y était pas favorable mais il en a pris son parti. Plus personne n'accorde de crédit à ses mauvais présages. Sans l'avouer, lui-même commence à mettre en question ses propres convictions.

Il désigne un parti de rennes détaché du gros du troupeau. C'est là que se déroulera l'action. Les femmes resteront sur la crête d'où elles suivront les péripéties de la chasse.

Maintenant, Ao et Awami courent dans la toundra. Ils progressent sans bruit, à demi courbés, contournant le troupeau pour gagner leur poste. Deux autres chasseurs les suivent à quelques pas.

Ao suit sans peine le rythme rapide imposé par Awami. Il s'enivre de cette longue course à travers la steppe, partageant l'exaltation de ses compagnons qui bondissent à ses côtés. Il oublie qu'il est Ao, l'homme ancien. Il est devenu un chasseur de ce clan.

La nuit tombe lorsque Awami estime avoir atteint approximativement l'endroit où ils doivent revenir vers le troupeau pour prendre leur position. Ils avancent avec précaution jusqu'à parvenir à nouveau en vue des rennes.

En chuchotant, le jeune chasseur rappelle les instructions d'Oummaï :

— Nous allons dormir un peu. Lorsque le soleil franchira l'horizon nous devrons être en place ! Que les esprits nous soient favorables !

Trop excité pour dormir, Ao savoure ce moment intense qui précède l'action. Ses yeux se posent sur le visage serein d'Awami, allongé à ses côtés. Il ne dort pas non plus. Le jeune homme sent son regard. Il ouvre les yeux et lui adresse une grimace complice.

Bien avant le lever du soleil, Awami réveille les deux autres chasseurs. En silence, ils rampent en direction du troupeau. Le ciel rougeoie à l'horizon lorsqu'ils atteignent leur objectif. Les animaux ne sont plus qu'à quelques dizaines de pas. Ao ne perçoit aucun signe d'agitation au sein du troupeau. De nombreux rennes sont couchés dans l'herbe, d'autres somnolent, debout, immobiles, la tête pendante.

Les quatre hommes ont cessé de bouger. Chacun choisit déjà sa cible. Ils tendent l'oreille pour percevoir le signal de l'assaut. Une bonne synchronisation est nécessaire. Un frémissement traverse le troupeau, devançant d'une fraction de seconde l'écho des hurlements poussés par Oummaï et son groupe. D'un seul élan, les quatre hommes se dressent et bondissent vers l'avant en vociférant. Les rennes refluent vers l'arrière. Mais le mouvement inverse se produit de l'autre côté, provoquant un flottement dans leurs rangs. Finalement, comme l'escomptaient les chasseurs, les animaux s'ébranlent en direction du troupeau principal. Les hommes jettent leurs sagaies. Moins expérimenté que ses compagnons à cet exercice mais plus vif, Ao parvient jusqu'à l'animal affolé le plus proche et enfonce sa sagaie dans son flanc à bout portant. Aussi vite qu'il le peut, il projette sa deuxième sagaie, mais elle manque sa cible et se fiche dans la terre. Les rennes s'éloignent rapidement et la plupart sont déjà hors de portée. La troisième sagaie s'envole de la main d'Ao. Elle décrit une longue courbe en vibrant dans le ciel. Ao la suit des yeux. Comme mue par sa propre volonté, elle se dirige à toute vitesse vers un animal attardé et le foudroie. Quelques rennes, diminués par l'âge ou trop inexpérimentés, sont restés sur place. Le cercle des chasseurs se referme sur eux. Tête baissée, ses bois inclinés vers le sol, un des rennes se rue en direction du troupeau. L'homme le plus proche jette sa sagaie mais elle ne fait qu'effleurer l'animal qui s'engouffre dans la brèche et galope vers les siens. Cette fois encore, il a échappé à la mort. Les chasseurs tuent les autres qui tournent en rond, désemparés. Il reste encore un vieux mâle dans le groupe. Une sagaie fichée dans son arrière-train, l'imposant animal renâcle de colère et de douleur. À son tour, il s'élance en direction du cercle. Oummaï ne bouge pas. Au dernier moment, il s'efface prestement et enfonce sa sagaie dans son poitrail. Blessé à mort, le renne s'écroule quelques pas plus loin, le corps secoué par les ultimes convulsions de l'agonie. Le vieux chasseur lève un regard empli de fierté vers Ao.

Les animaux encore en vie sont achevés rapidement. La chasse a été exceptionnelle. Aucun des chasseurs n'est blessé.

La panique provoquée à l'arrière de l'immense troupeau a fini par se répandre jusqu'aux avant-postes. Ao regarde l'énorme masse qui noie l'horizon s'éloigner dans un grondement assourdissant, à travers le nuage formé par la multitude de particules de boues arrachées à la terre. Le sol vibre, martelé par les dizaines de milliers de sabots. Les rennes laissent derrière eux un immense bourbier.

Oummaï compte laborieusement sur ses doigts les animaux abattus. Il y en a beaucoup, plus que les chasseurs n'en ont jamais tué en une seule fois.

Il voit Ao se réjouir avec les autres chasseurs. Il ne peut que se rendre à l'évidence ! Non seulement l'homme ours a très honorablement tenu sa place, mais sa présence coïncide avec une chasse exceptionnelle, signe manifeste de la complaisance des esprits à son égard. Comment a-t-il pu mettre en doute la pertinence des décisions du chaman ? Comme toujours, le vieillard avait raison ! L'orgueilleux chasseur répugne à reconnaître son erreur. Il choisit de garder le silence.

Les chasseurs ont dépecé deux rennes. Ils se partagent les foies et les cœurs encore chauds avant de mettre la carcasse à rôtir au-dessus d'un grand feu.

Les femmes les rejoignent à la mi-journée. Tous travaillent sans relâche, jusque tard dans la nuit, à saigner et dépecer les bêtes, prélever les boyaux et les vessies, extraire la moelle des os et débiter la viande en tranches pour la faire sécher. Des hommes détachent les précieuses ramures et certains os sur les squelettes décharnés. D'autres s'emploient à arracher quelques dents sur les mâchoires des animaux qu'ils ont abattus.

Le chaman aussi a fait le déplacement. Il parcourt la toundra en psalmodiant les paroles rituelles à l'intention des esprits des animaux tués.

Les chasseurs repus et exténués s'endorment autour du feu.

XIV

Le lendemain, le reste du clan rejoint les chasseurs. Des exclamations de joie retentissent à la vue du butin. Les animaux abattus sont maigres mais leur nombre compense largement cet inconvénient. Tous s'accordent à interpréter cette profusion comme un signe de grande faveur de la part des esprits. Ao est fêté au même titre que ses compagnons.

Wagalik reste en retrait. Il laisse les siens exprimer leur joie. Lorsque les clameurs s'estompent, il s'approche à son tour.

Ao s'aperçoit que deux hommes inconnus marchent derrière lui.

Leur aspect ne les différencie guère des membres du clan. Ils sont jeunes, grands et solidement bâtis. Leurs cheveux sombres sont noués en chignon au-dessus de leur tête.

Wagalik salue ses compagnons et les félicite pour l'abondance du gibier. Mais son visage est soucieux. Aux réflexions qu'il entend autour de lui, Ao déduit que ces deux hommes ne sont pas des étrangers pour eux. Wagalik le confirme en informant les siens des motifs qui ont conduit leurs parents du fleuve à envoyer deux chasseurs à leur rencontre alors que la saison des grandes chasses a déjà commencé.

— Pendant votre absence, Kwaâ et Owok sont arrivés. Ils sont venus nous prévenir du retour des hommes oiseaux. Cette année, nos parents du fleuve ne viendront pas à la rencontre entre les clans…

Les intéressés ne prêtent aucune attention aux paroles de Wagalik. Leurs regards stupéfaits se sont portés sur Ao.

La bouche du nommé Kwaâ s'arrondit pour laisser échapper un cri de surprise et de colère. Il prend son compagnon à témoin. Ao n'entend pas ce qu'il dit car il parle à voix basse. Mais il se doute qu'il est question de lui. Il lit l'animosité dans leurs yeux.

Agacé par leur manque de courtoisie, Wagalik s'interrompt et les invite sèchement à préciser eux-mêmes les raisons de leur venue.

Les deux visiteurs se concertent du regard. Kwaâ se décide à parler. Son ton est hautain.

— Kwaâ et Owok sont venus mettre en garde leurs parents du lac. Des hommes qui vivent du côté où le soleil se lève ont remonté le fleuve et rôdent sur nos territoires. Ils ont attaqué des chasseurs du clan d'Owok pour s'emparer de leur butin. Ils ont tué deux hommes et les autres ont fui en leur abandonnant le gibier. Nos chamans disent qu'ils convoitent nos territoires.

L'homme s'interrompt brièvement pour désigner Ao du menton avec une expression hostile.

— Kwaâ ne s'attendait pas à trouver cet étranger au milieu de ses parents ! Il comprend mieux la colère des esprits qui ont envoyé les hommes oiseaux !

Cette fois Ao a très bien compris. Le jeune chasseur utilise la même langue que Wagalik et les siens.

Un silence consterné fait suite à ses propos. La joie du clan est gâchée, autant par cette inquiétante nouvelle que par les paroles malveillantes envers Ao.

Napali se tait. Il observe la réaction des siens. Avec satisfaction, il lit la colère ou l'indignation sur leurs visages. Il sourit en voyant l'air courroucé d'Oummaï.

Awami se lève pour répondre aux paroles méprisantes de l'homme, mais à la surprise générale il est devancé par Oummaï.

Le vieux chasseur parle d'une voix forte.

— Surveille tes paroles, jeune homme ! Celui que tu nommes « étranger » avec mépris est notre hôte. Nous avons chassé ensemble et les esprits étaient contents car les rennes sont venus, très nombreux, mourir sous nos sagaies. Ao appartient au peuple des anciens hommes dont l'un des clans a accueilli nos pères pendant le long voyage vers la toundra. Ao a déjà combattu les hommes oiseaux. Plusieurs d'entre eux sont morts de sa main. Oummaï et Awami aussi les ont affrontés. Les hommes oiseaux sont déjà venus ici. C'était il y a deux hivers. Ils se sont emparés de trois de nos femmes. Awami, Oummaï et Aytamak se sont lancés à leur poursuite. Seule Itaâ était là lorsque nous les avons rejoints. Kimi était morte et Aki s'était enfuie pour préserver la vie de son bébé. Nous l'avons longtemps cherchée et les hommes oiseaux nous ont rattrapés. Oummaï a tué l'un d'entre eux mais Aytamak a été blessé. Sur le chemin du retour, nous avons retrouvé Aki. L'homme ancien était avec elle. Grâce à lui, Aytamak a pu voir son fils avant de s'en aller. Nous étions affamés et épuisés. Le vent soufflait depuis plusieurs jours. Sans lui, nous aurions sans doute perdu la vie aussi. Comme toi, Oummaï a d'abord cru que cet homme étrange allait apporter le malheur sur les siens. Mais Oummaï s'est trompé. Les esprits se réjouissent de cette alliance. Ils nous l'ont fait savoir !

Il montre du doigt les impressionnantes quantités de viande accumulées sur les peaux des rennes avant de se rasseoir.

Napali intervient à son tour.

— Oummaï a bien parlé. Le vieil Ikwag et d'autres, parmi nos parents du fleuve, savent ce que nous devons aux anciens hommes. Quand ils apprendront que l'un d'eux chasse à nos côtés, ils se réjouiront. Il n'y a rien à ajouter. Si Kwaâ et Owok le souhaitent, ils peuvent rester parmi nous. Ils sont les bienvenus. Mais aucun d'entre nous ne tolérera plus la moindre parole malveillante à l'égard de notre compagnon.

Pour montrer que le débat est clos, le chaman se retire. Les autres s'empressent de l'imiter et se dirigent vers le feu, laissant les deux hommes seuls.

Des quartiers de viande fraîche sont mis à rôtir sur les pierres brûlantes.

Après avoir longuement palabré dans leur coin, les deux chasseurs finissent par venir s'installer près des feux, la mine contrite.

Leur décision de demeurer parmi eux, en dépit de son avertissement, contrarie Napali. Il aurait préféré qu'ils s'en aillent. L'air hargneux et buté de Kwaâ ne présage rien de bon. Pourquoi ce jeune homme arrogant a-t-il finalement décidé de rester malgré la présence d'Ao ? Quel est son dessein ?

Le chaman fait part de ses appréhensions à Wagalik. Celui-ci le rassure.

— Oummaï a bien parlé, mais Wagalik n'oublie pas le temps que lui et beaucoup d'autres ont mis à accepter la présence de l'homme ancien. Ces deux jeunes chasseurs sont nos parents. Owok est le fils de la sœur de Wagalik. Wagalik s'inquiète davantage du retour des hommes oiseaux. Leur présence est une menace pour nous tous. Après l'affront que nous leur avons fait subir, ils ne partiront pas sans avoir assouvi leur vengeance. Tôt ou tard, ils reviendront par ici et il nous faudra les combattre. Mangeons maintenant. Ce qui devait être dit l'a été. Laissons les hommes s'apaiser.

Mais l'atmosphère reste tendue. Les deux visiteurs se mêlent peu aux conversations. Il pleut. La nuit tombe. Les uns après les autres, les membres du clan regagnent leurs abris.

Malgré la pluie soutenue, Ao et Aki s'attardent près du feu. Ils ne parlent pas. Le crépitement des flammes sous les gouttes accompagne leurs rêveries solitaires. Les coups d'œil hargneux de Kwaâ vers Ao, pas plus que les regards concupiscents dont elle fait l'objet, n'ont cependant échappé à la jeune femme.

La cérémonie du passage est proche. Deux filles et Tsi-napa sont concernés par cet événement très important qui marque leur entrée dans le monde des adultes. Les deux chasseurs ont-ils décidé de rester le temps de cette cérémonie ? Peut-être que l'une des initiées partira avec eux ? Aki craint la convoitise de Kwaâ. Dans le clan, les femmes peuvent s'opposer à la demande d'un chasseur si un autre homme se déclare. Le prochain départ d'Ao entretient la confusion dans ses pensées. Elle n'éprouve aucune envie de se lier à qui que ce soit. Mais elle sait que cette question ne tardera pas à être évoquée. La venue des deux hommes risque de précipiter les choses. La jeune femme s'attend à des jours difficiles. Comme souvent, la présence d'Ao à ses côtés la rassure. Il est encore là. Demain est un autre jour. Sa tête est lourde. Le feu perd de son intensité. Elle se blottit contre son compagnon. Sa respiration s'apaise. Elle sombre dans le sommeil.

Kwaâ est de mauvaise humeur. L'hommage rendu à l'ancien homme par les chasseurs et le récit des affrontements avec les hommes oiseaux l'ont mortifié.

Il n'a jamais eu affaire à eux. S'il avait fait partie des chasseurs tombés dans leur embuscade, les choses se seraient passées autrement ! Lui ne les craint pas. Si ce vieux chasseur a réussi à en tuer un, ils ne doivent pas être si terribles que cela ! Seuls la surprise et l'effroi que leur aspect inspire à leurs victimes peuvent expliquer la lamentable défection des hommes du clan d'Owok. Avec quelques compagnons résolus, Kwaâ se fait fort de débarrasser leurs territoires de ces êtres malfaisants.

Non, ce ne sont pas ces hommes belliqueux qui le préoccupent. L'objet de sa mauvaise humeur est bien cet homme ancien assis en face de lui. Pourquoi ces chasseurs habiles, ce chaman réputé jusque dans les plus lointaines tribus, ont-ils accepté une telle alliance ? Comment peuvent-ils croire que les esprits soient favorables à ce rapprochement ? Comment leur chef, un homme avisé, peut-il tolérer que sa fille s'exhibe ainsi en compagnie de cet être insolite avec sa face pointue et cette fantastique fourrure blanche issue d'un animal qui n'existe pas dans ce monde ?

Kwaâ ne décolère pas. La scène offerte par cette jeune femme au corps vigoureux, pressée contre cet homme ours, entretient et avive son courroux.

Pourtant, malgré ce déplorable spectacle et l'avertissement du chaman, il ne veut pas encore quitter le camp. Kwaâ n'est pas seulement venu jusqu'ici pour prévenir le clan de la venue des hommes oiseaux ! Kwaâ est aussi venu chercher une femme. Et c'est celle-là qu'il convoite ! Il a entendu Oummaï évoquer la mort de son compagnon. Au cours de la soirée, il s'est enquis auprès d'un chasseur des circonstances exactes de sa capture, de sa fuite et de sa rencontre avec l'ancien homme. Il sait qu'elle a tué de ses mains l'un de ses poursuivants. Elle n'a pas craint de prendre la vie des animaux. Il n'ignore plus rien des épreuves qu'elle a endurées. Cette femme le fascine. Elle a fait preuve d'un courage que beaucoup d'hommes pourraient lui envier. Elle ne ressemble pas aux autres femmes. Elle a soutenu son regard. C'est lui qui a fini par baisser les yeux. L'attitude de cette femelle excite ses sens. Kwaâ veut cette femme orgueilleuse. Il la soumettra à sa volonté. Son fils est robuste. Elle en portera d'autres qui viendront renforcer la puissance du clan.

Demain, il se prononcera. Bientôt Kwaâ dirigera la chasse. Il n'en doute pas. Ikwag, celui qui assume cette charge, est fatigué. Il n'est pas aussi vieux que Wagalik mais il n'a pas sa vigueur. Son corps le fait souffrir et sa force décline. Kwaâ peut prétendre à le remplacer. Son alliance avec la fille d'un homme aussi respecté que Wagalik et la présence d'un fils augmenteront son prestige auprès des siens. Cette femme ne peut espérer meilleure union.

Mais malgré sa détermination, l'homme ne parvient pas à dissiper le trouble qui l'habite. Il a beau essayer de se persuader que les choses ne peuvent se passer autrement, il n'est pas satisfait. Une sourde appréhension vient gâcher ses belles résolutions. La cause est en face de lui.

Morose, il observe le couple immobile dont la forme se découpe dans l'obscurité à la lueur des flammes. Ao est absorbé par la contemplation du feu qui danse devant ses yeux. La femme dort paisiblement contre son épaule. Incrédule, il observe cette scène irréelle.

Pourquoi aucun chasseur n'a-t-il encore réclamé cette femme et son fils ? Se pourrait-il qu'elle soit la compagne de l'homme ours ?

N'a-t-elle pas osé soutenir le regard de Kwaâ ?

Ses yeux sont irrésistiblement attirés par le spectacle de ces deux êtres dissemblables, par ce bloc immobile, presque minéral où semblent s'être rassemblées des forces inconnues.

La pluie s'est remise à tomber. Il grogne quelques mots à l'intention de son compagnon. Tous deux rejoignent l'abri mis à leur disposition.

Aki est réveillée avant le lever du soleil par les coups de tête du petit Aytamak qui réclame le sein avec autorité. Elle frissonne de froid. L'eau a pénétré sous l'épais manteau de fourrure. À moitié endormie, elle offre son téton à la bouche avide. Elle caresse avec amour la tête du petit garçon en songeant aux événements qui se sont succédé depuis sa naissance. Elle se souvient de sa fuite désespérée, de l'orage, de la grotte où il est né, de sa terreur lorsqu'elle a vu Ao se dresser dans la pénombre de la petite caverne. À cette dernière pensée, une vague de tendresse pour l'homme endormi à ses côtés la submerge. Son cœur se serre à l'évocation de son départ prochain. Depuis son retour parmi les siens, elle s'est rendu compte à quel point la vie qu'ils avaient menée lui manquait. Elle n'a pas à faire beaucoup d'efforts pour s'imaginer foulant l'herbe et la mousse, le long des cours d'eau ou sur la crête des collines, marchant fièrement sur les pas de son compagnon, le petit Aytamak juché sur ses épaules, contemplant le spectacle du monde s'étalant à perte de vue.

La compagnie des femmes de la tribu ne la satisfait plus. Elle n'aspire qu'à se retrouver avec Ao et le petit. Avec eux, elle se sent bien. Elle réalise soudain qu'au fond d'elle-même, elle le sait depuis longtemps, elle et son fils partiront avec Ao.

Ses doigts glissent sur l'épaule nue de l'homme. Ses yeux s'ouvrent, immenses et profonds. La jeune femme s'y laisse choir sans hésiter.

L'enfant est repu. Il a grandi. Les traits de son visage rappellent ceux de son père, Aytamak, dont il porte le nom en attendant que les esprits lui indiquent le sien. Il est fort et depuis peu il marche debout. Chaque matin, il n'a de cesse d'échapper à la surveillance de sa mère pour trottiner jusqu'à la place occupée par le vieux Taâwik où il espère retrouver Ao. Il trébuche souvent, chute, parfois rudement, mais rien n'altère sa détermination.

Ce matin, il n'a pas besoin d'aller loin. Ravi, il se glisse vers celui qu'il considère comme son père et se niche contre sa poitrine. Ao accueille l'enfant avec plaisir.

Aki les observe. Elle s'attend à une dure journée. Elle relève une fois de plus chez Ao cette sorte d'apathie qui l'exaspérait tant au début. Mais, si rien ne semble jamais l'affecter, Aki sait aussi que rien ne lui échappe. Il a forcément surpris les regards insistants de Kwaâ. Il ne peut ignorer que ce chasseur la convoite. Peut-être considère-t-il que cela ne le concerne pas ! La jeune femme soupire.

Il reste de la viande sur les pierres tièdes, recouvertes de cendre. Elle tend un morceau à son compagnon qui le partage avec l'enfant. Aki mange en silence tout en s'affairant à ranimer les braises.

Le soleil se lève sur la toundra. Une femme apporte une brassée de bois mort. Les habitants sortent des huttes les uns après les autres. Des petits groupes se forment et les langues se délient. Kwaâ et Owok arrivent les derniers.

Kwaâ arbore la tête haute. Son visage est sombre, ses mâchoires serrées, comme s'il se préparait à combattre.

Wagalik invite les deux hommes à se restaurer. Ils ne se font pas prier. Le vieux chef rappelle les liens qui unissent les clans de l'eau. Kwaâ ne manifeste aucun intérêt à ses propos. Dès que le chasseur a fini de parler, il se lève d'un bond et prend la parole sans attendre d'y être invité. Il se frappe vigoureusement la poitrine en parlant d'une voix forte.

— Bientôt, Kwaâ sera un chef.

Des exclamations désapprobatrices s'élèvent parmi les hommes et les femmes présentes. Il n'est pas d'usage d'afficher de telles prétentions en public. Nombreux sont ceux qui n'apprécient pas l'attitude du jeune homme.

Il continue pourtant sans se troubler :

— Comme vous le savez, nos clans nous ont envoyés, mon compagnon et moi, vous avertir que des hommes oiseaux rôdent le long du fleuve. Nous ignorions que vous aviez déjà eu affaire à eux. Quelques chasseurs valeureux suffiront pour les retrouver et les tuer. Ainsi, ils ne reviendront plus.

Wagalik remercie une nouvelle fois les deux hommes.

— Les hommes du lac seront sur leurs gardes. S'il le faut, eux aussi combattront les hommes oiseaux. (Il soupire.) Mais Wagalik appréhende cet affrontement. Les chasseurs des clans de l'eau sont courageux mais ils n'ont pas l'habitude de tuer leurs semblables…

Oummaï intervient :

— Awami et Oummaï les ont combattus. Oummaï a tué l'un d'entre eux. Nos sagaies valent les leurs !

Awami renchérit :

— Ao en a tué plusieurs et un autre est mort de la main d'Aki, une femme de notre clan. Désormais, ils craindront d'affronter l'homme ours et ses alliés !

Kwaâ esquisse une moue dédaigneuse.

— Avec Kwaâ pour les mener, les hommes du fleuve n'ont pas besoin d'une femme et d'un homme à grosse tête pour affronter ces pillards ! Ils connaîtront la peur. Les survivants témoigneront des dangers encourus par ceux qui s'aventurent sur nos territoires.

Les chasseurs s'interpellent et discutent en petits comités. Certains s'irritent de la suffisance du jeune homme, d'autres apprécient sa détermination.

Napali prend la parole à son tour :

— Personne ici ne doute du courage de nos parents du fleuve. Assurez-les de notre soutien et de notre amitié. Et maintenant, ne tardez plus à vous mettre en chemin car ils attendent votre retour…

Mais Kwaâ n'écoute pas. Son regard s'est posé sur Aki qui vient d'arriver. Le moment est venu pour lui de réclamer cette femme sur laquelle il a jeté son dévolu.

— Kwaâ et Owok vont partir. Mais Kwaâ veut emmener cette femme et son fils. (Il désigne Aki.) Pour elle, il donnera deux mains de peaux de bison et trois coquilles de mer. Il donnera aussi cinq sagaies dont les pointes ont été taillées dans les défenses du mammouth.

Un long murmure admiratif accueille ses paroles. Les cadeaux proposés sont somptueux. Les coquilles de mer sont des objets rares qui favorisent les entreprises de ceux qui les détiennent. L'ivoire est une matière précieuse, difficile à se procurer.

Tous les regards convergent vers Wagalik.

Pris au dépourvu, l'homme ne cache pas son embarras.

Comme à regret, au terme d'une longue hésitation, il finit par répondre :

— Voici notre loi. Si avant le coucher du soleil personne d'autre n'a réclamé cette femme, elle partira avec toi.

L'homme écoute à peine. Il a juste entendu « elle partira avec toi ». Il jette un regard dédaigneux sur l'assemblée des chasseurs. Aucun d'eux ne se manifestera. Comment pourraient-ils rivaliser avec les dons de Kwaâ ! D'ailleurs, pourquoi auraient-ils attendu sa venue pour faire savoir qu'ils voulaient cette femme ?

Sans doute redoutaient-ils de mécontenter cet homme ours auquel ils sont si dévoués ! Finalement, ses appréhensions n'étaient pas justifiées. Elle ne lui appartient pas. Peut-être ont-ils peur de la femme ? C'est sûrement ça ! Il ricane.

Il ne se trompe pas. S'il est vrai que certains craignent la désapprobation d'Ao, ceux qui auraient pu réclamer Aki et son fils ne l'ont pas fait pour des raisons qui tiennent aussi au comportement de la jeune femme elle-même. Ses expériences peu communes l'ont transformée. Son tempérament, son autorité, l'assurance dont elle fait preuve en toute situation les déconcertent.

Sûr de son fait, Kwaâ se dirige lentement vers Aki. Son allure est celle d'un prédateur convaincu que sa proie ne peut plus lui échapper.

Personne ne bouge. Abasourdie par la vitesse avec laquelle son sort s'est joué, la jeune femme s'efforce dc retrouver une contenance et de maîtriser l'affolement qui la gagne. Elle se sent seule, abandonnée au sein de son propre clan. Elle surprend l'expression gênée de son père. L'homme n'est plus qu'à quelques pas. Il s'arrête comme le félin avant l'assaut final. Mais non, ce n'est pas pour cela !

Aki voit poindre une lueur d'inquiétude dans son œil noir. Ao est là. Il s'est avancé pour venir se placer à deux pas d'elle. Son regard se pose sur le jeune homme qui lui fait face. Il se contente de le dévisager gravement. Aussi vite qu'elle est venue, l'impression de solitude ressentie par la jeune femme se dissipe. Au soulagement se mêle une colère qui grandit en elle comme un feu bien nourri. Indécis, l'homme observe le changement d'attitude de la jeune femme dont le visage est maintenant défiguré par la rage.

Sa fureur explose, pétrifiant ceux qui sont présents. Elle crie :

— Aki n'est plus à prendre. Elle a déjà un homme. Il est là.

Elle pose sa main sur l'épaule d'Ao. Ses ongles s'enfoncent dans la peau de son compagnon comme des griffes.

Ao connaît les colères de la jeune femme pour les avoir expérimentées à ses dépens. Mais il ne se souvient pas de l'avoir déjà vue dans cet état. Sa poitrine alourdie par la maternité se soulève au rythme des battements précipités de son cœur.

Interdit, Kwaâ contemple cette scène invraisemblable. Jamais il n'a vu une femme se comporter ainsi ! À n'en pas douter, elle est possédée par des esprits hostiles, conséquence de son alliance avec l'homme ours.

Le jeune chasseur du fleuve est grandement dépité. Il se réjouissait de dominer cette femme intrépide, si différente de celles qu'il côtoie depuis son enfance. Mais il sait qu'il ne l'emmènera pas avec lui, de crainte d'attirer le malheur sur les siens.

Les traits de la jeune femme s'apaisent déjà. Elle l'observe maintenant sans animosité.

— Aki n'a rien contre Kwaâ ! Elle ne sera pas sa femme, voilà tout. Qu'il retourne parmi les siens !

Autour d'eux, les chasseurs discutent avec animation. L'attitude d'Aki est condamnable. Mais la plupart d'entre eux sont enclins à l'indulgence. Tous savent ce qu'elle a enduré, le courage dont elle a fait preuve. Quelle femme aurait osé affronter le monde hostile, seule avec un enfant à naître, comme elle l'a fait ? Quelle femme aurait pu tuer un homme ? Cette femme n'est pas commune. Les esprits ne semblent pas désapprouver son alliance avec l'ancien homme. Bien au contraire, tout porte à croire qu'ils en sont satisfaits. Plus d'un spectateur se réjouit même du dépit de Kwaâ. Ce chasseur irrespectueux méritait une leçon d'humilité. À plusieurs reprises, il n'a pas respecté les convenances. Il s'est comporté comme si cette femme lui appartenait déjà. En agissant de la sorte, il a méprisé les chasseurs du clan. Tous se demandent quelle sera la réaction de Wagalik.

Celui-ci ne semble pas particulièrement mécontent. L'impolitesse du jeune homme a fini par user sa patience. On croirait presque distinguer un léger sourire sur ses lèvres, comme s'il se réjouissait de la tournure des événements.

Le chaman l'a rejoint. Tous deux se concertent à voix basse.

Au terme de ce conciliabule, Wagalik indique qu'il va parler.

Il s'adresse à l'ensemble du clan.

— Le chasseur du fleuve n'a pas daigné attendre le coucher du soleil pour se manifester comme le veut la coutume. Peut-être n'a-t-il pas bien entendu les paroles de Wagalik ? L'homme choisi par Aki n'appartient pas à notre peuple mais, s'il le désire, il sait qu'il peut demeurer parmi nous. Notre chaman est convaincu que les esprits y sont favorables. S'il accepte de prendre cette femme et son enfant, la loi du clan sera respectée et nul ne le contestera. Je souhaite que les choses se passent ainsi.

Il adresse un regard bienveillant à Ao, immobile et imperturbable, comme étranger à toute cette affaire.

Un murmure approbateur accompagne les paroles du vieux chef. Aucune voix ne s'élève pour le contredire.

La chose est entendue. Il reste à l'intéressé à se manifester. Les regards convergent vers lui.

Mais Ao ne dit rien. Son visage impassible ne laisse paraître aucune sorte d'émotion. La situation est très pénible pour Aki.

Le chaman vient à son secours.

— Ao ne connaît pas encore tous nos usages. Il ne comprend pas bien notre langue. Je me charge de l'informer et de recueillir sa décision.

D'un geste, il invite les personnes présentes à se retirer et à vaquer à leurs occupations.

Les membres du clan se dispersent. Kwaâ se dirige vers Wagalik.

— Kwaâ et Owok partiront avant que le soleil ne soit à son zénith, annonce-t-il d'un ton morose. Kwaâ a accompli sa mission. Il en rendra compte à ceux du fleuve.

Wagalik hoche la tête. Il se veut conciliant.

— Grâce à vous, nous ne nous laisserons pas surprendre par les hommes oiseaux. Assure les tiens de notre amitié. À la fin de la saison de chasse, Wagalik et ceux qui souhaitent l'accompagner remonteront la piste le long du fleuve pour aller rendre visite à leurs parents.

Kwaâ répond froidement :

— Lorsque vous viendrez, toi et les tiens, n'amenez pas l'homme ours avec vous. Il n'est pas le bienvenu. Il devrait aller rejoindre son propre peuple. Il n'a pas sa place parmi les vrais hommes. Qu'il s'en aille avec la femme ! Voilà mon conseil. Chassez-le de vos territoires. Les esprits se sont montrés indulgents mais n'abusez pas de leur patience ! Vous pourriez le regretter !

Wagalik sourit, sans s'offusquer de la prétention du jeune chasseur.

— Je te remercie pour tes conseils. Mais, si tu le permets, nous réglerons cette affaire entre nous. Moi aussi, je vais te donner un conseil. Toi qui prétends connaître les raisons des esprits et parles déjà de prendre la place de tes aînés, ne te prive pas de les écouter. Raconte-leur plutôt ce que tu as vu et entendu ici. Préviens-les que les anciens hommes sont de retour ou plutôt que l'un d'entre eux est venu jusqu'ici. Demande-leur de te parler du passé de notre peuple. Dis-leur que le moment est venu de rendre le bien et que ceux du lac sont fiers de compter parmi eux un chasseur valeureux de plus.

Kwaâ ouvre la bouche pour parler encore, mais Wagalik lui fait signe qu'il n'y a rien à ajouter et qu'il ne souhaite pas en entendre davantage.

Les deux hommes ne tardent pas à s'en aller. Les salutations sont brèves et froides. Mais Wagalik n'est pas inquiet. Le vieil Ikwag et les chasseurs plus âgés comprendront. Ce jeune homme avait besoin d'une leçon.

Ao et Napali le rejoignent. Il fait chaud. Les trois hommes s'installent à l'ombre d'un pin. Awami les rejoint à son tour.

Le chaman se charge de résumer la situation. Ao écoute avec attention. Le chaman ne lui apprend pas grand-chose qu'il ne sache déjà.

Il ne répond pas tout de suite. Il se sent bien ici. Pourtant il sait qu'il ne peut pas rester.

— Ao doit partir. Il voudrait emmener Aki et son fils mais pourraient-ils le suivre au-delà des montagnes ? Qu'adviendrait-il d'eux s'il venait à être tué ? Aki et Aytamak doivent rester parmi les leurs.

Il se tourne vers Awami.

— Ao demande à son ami de veiller sur cette femme et son enfant, et de chasser pour eux.

Awami acquiesce avec gravité. Il est ému par la confiance que lui témoigne cet homme qu'il admire et qu'il a appris à aimer.

— Awami veillera sur Aki et son fils comme sur sa propre famille.

Wagalik apprécie la clairvoyance de l'homme ancien. S'il survit à ce long périple à travers les territoires inconnus, il reviendra peut-être. C'est bien ainsi.

Le chaman indique qu'il a quelque chose à dire. Ses yeux vifs expriment la malice et la satisfaction.

— Ao a parlé sagement. Aki a beau avoir le courage et la vélocité du lynx, l'enfant les retarderait et augmenterait les risques encourus pendant ce long périple. Mais Ao ne partira pas seul ! Quelqu'un veut se joindre à lui. Il m'en a parlé. J'ai réfléchi et je lui ai donné mon accord. Il sera notre représentant auprès du peuple des anciens hommes. Un jour, ce garçon sera un chaman pour notre clan. Les esprits l'ont déjà visité. Ils lui ont donné un nom, Tsinapa, celui de l'arbre ancêtre. Sa boiterie ne l'empêche pas de marcher. Il ne manque pas d'endurance. Mais il lui reste à solliciter l'assentiment de son père.

Le chaman se tourne vers le jeune homme qui attend à proximité.

— Approche, Tsinapa.

Wagalik est surpris. Il ignorait le projet de son fils. Avant de se prononcer, il veut entendre Ao.

Celui-ci se borne à grimacer comme il le fait lorsqu'il veut exprimer son assentiment.

Wagalik s'en contente.

— Tsinapa et Ao partiront tous les deux après la cérémonie du passage à laquelle Tsinapa doit participer.

XV

La cérémonie requiert peu de préparatifs. Moment essentiel dans la vie d'un être humain, elle suscite une émotion intériorisée, partagée par l'ensemble de la communauté, sans donner lieu à des manifestations spectaculaires.

Ce matin, le chaman s'est rendu successivement auprès de Tsinapa et des deux jeunes filles concernées par cette initiation spirituelle. Au terme d'une longue période de confrontation avec les esprits, elles recevront leurs noms d'adultes, inspirés de l'interprétation par le chaman des visions et des songes qui lui auront été rapportés.

Devant le clan rassemblé et silencieux, ils se dénudent, en signe d'abandon de leur condition antérieure. Il s'agit pour eux de rompre avec l'anonymat relatif et l'irresponsabilité de l'enfance pour accéder à la condition d'adulte, membre actif de la communauté, apte à accomplir les tâches collectives et individuelles de la vie quotidienne.

Ils frissonnent dans la fraîcheur de l'aube.

Avec application, le chaman enduit leurs corps d'un mélange d'ocre et de graisse de renne afin de matérialiser cette seconde naissance, non plus recouverts du sang de leur mère mais du sang de la terre. Ainsi, ils pourront être identifiés par les esprits comme prétendants au statut d'homme ou de femme.

Tsinapa regarde fièrement ses congénères. Pour lui, il ne s'agit que d'une confirmation car les esprits l'ont déjà reconnu. Il attendait ce moment avec impatience. La fréquentation assidue du chaman l'a déjà familiarisé avec ce monde mystérieux. Les deux jeunes filles semblent exprimer des sentiments contradictoires, de la peur et de la résignation, mais aussi de l'impatience et une sorte de joie.

Après s'être enveloppés dans une simple peau en guise de vêtement, tous trois emboîtent le pas au vieillard. À la mi-journée, ils atteignent la piste qui mène au pied de la montagne. Ils marchent en silence, absorbés dans leurs pensées. Aucun d'eux ne doit parler ou exprimer ses craintes à voix haute.

À l'abord des premières pentes, la piste se transforme en un mince sentier. Malgré le chargement de branches sèches dont il s'est encombré, le chaman ralentit à peine son allure.

Tsinapa lève les yeux vers le sommet vertigineux, noyé dans un halo de brume. Son regard s'égare sur les parois abruptes. Le versant de ce côté-ci de la montagne est proche de la verticalité. Le sentier tire parti des moindres aspérités, des éboulis, parfois des racines torturées d'un vieux pin, pour se projeter toujours plus haut dans cette effrayante ascension.

À plusieurs reprises, le jeune homme se dit que le sentier va s'interrompre. Ce n'est qu'au dernier moment qu'un passage se dévoile, improbable, suspendu entre le ciel et la roche. La présence régulière de crottin indique que l'endroit est fréquenté par les chamois. Malgré l'effroi suscité par le vide omniprésent, tous trois progressent courageusement dans les pas du vieux chaman qui fait preuve d'une agilité et d'une vitalité étonnantes, compte tenu de son âge avancé. Pour l'avoir emprunté à maintes reprises en compagnie de deux générations d'hommes et de femmes, il connaît le moindre détail de ce passage, reconnu comme étant la voie d'accès à un lieu de rencontre avec les esprits. Ses yeux mobiles sont à l'affût du plus petit changement indiquant un danger, la pierre rendue instable par le ruissellement de l'eau ou la terre friable susceptible de glisser et d'entraîner l'un d'entre eux dans une chute fatale. Il invite ses jeunes compagnons à mettre ses pas dans les siens. De loin, les quatre silhouettes semblent immobiles, collées à la montagne. Pourtant, au fil de la journée, les minuscules points se déplacent lentement vers le haut.

L'effort consenti leur permet de supporter le froid qui s'accentue à mesure qu'ils prennent de l'altitude.

Le sentier suit maintenant le lit d'un torrent asséché. Ils parviennent à l'entrée de l'orifice par où ses eaux jaillissaient autrefois de la montagne. L'ouverture est étroite mais suffisante pour livrer passage à un homme.

Le chaman laisse choir son fardeau de branches sèches.

Tsinapa et les deux jeunes filles lui font un rempart de leurs corps pour le protéger du vent. Il extirpe une poignée de poudre d'un repli de son vêtement pour en faire un petit tas. Puis, d'un geste vif, il heurte deux pierres l'une contre l'autre, provoquant des gerbes d'étincelles dont certaines tombent dans la poudre. L'homme souffle longuement sur les minuscules braises. Un mince filet de fumée noire s'élève, puis des flammes. Quelques rameaux de bois sec permettent au feu de prendre assez d'ampleur pour embraser l'extrémité d'une branche imprégnée de graisse.

Le chaman confie sa réserve de bois à Tsinapa et se glisse dans le trou, la torche brandie devant lui. Le jeune homme hisse les branches sur son épaule et s'engouffre à son tour dans l'orifice. Non sans appréhension, les deux jeunes filles leur emboîtent le pas.

Les yeux rivés sur la flamme dansante qui suit la progression du chaman, ils gravissent la pente à pas lents, pliés en deux pour éviter de heurter la voûte dont ils perçoivent vaguement les contours. Ils glissent sur le sol boueux. Mais la pente s'atténue et ils pataugent maintenant dans l'eau stagnante. Cette première partie du parcours souterrain s'achève dans une vasque. L'eau croupie et malodorante leur arrive jusqu'à la taille. Le chaman maintient la torche au-dessus de sa tête pour préserver la flamme des éclaboussures. Entre plusieurs départs de galeries partiellement immergées, il choisit le passage le plus exigu. Le vieillard semble n'éprouver aucune difficulté à s'orienter dans la pénombre, comme s'il était attiré vers ce lieu de contact entre deux mondes, où les hommes et les femmes se rendent pour recevoir le message des esprits. Tsinapa est contraint de porter son chargement de bois sur la tête pour le garder à peu près au sec. Mais le niveau d'eau baisse rapidement. La fumée épaisse qui se dégage de la torche les fait tousser.

L'étroitesse du boyau les oblige maintenant à progresser à quatre pattes. Sans la lueur de la torche, l'obscurité serait totale. Un sentiment d'oppression fait battre les cœurs plus fort. Ici, le moindre bruit est amplifié. Le temps n'existe plus. La souple fourrure recouvrant leurs corps s'est muée en une lourde carapace, imprégnée de boue et du sang qui coule des écorchures provoquées par les chocs répétés de leurs têtes contre la roche saillante.

Pourtant, peu à peu, l'appréhension s'estompe. La tranquille assurance du chaman, la lenteur de leur progression et le silence qui les environne apaisent leurs sens. Bien d'autres avant eux ont ainsi rampé dans le froid et la boue pour ressortir au soleil quelques jours plus tard, aptes à prendre une part active au destin de leur clan. Dehors, il fait nuit depuis longtemps.

La dernière étape est la plus difficile. Le passage s'est encore rétréci pour former une étroite cheminée presque verticale. Tsinapa a laissé passer ses deux compagnes et ferme la marche. À plusieurs reprises, la jeune fille qui le précède glisse en arrière et vient buter contre lui. Le chaman les encourage de la voix. L'ascension touche à son terme. Enfin, ils prennent pied dans une caverne spacieuse dont ils ne distinguent pas tout de suite les contours.

La voix du chaman résonne étrangement.

— Nous sommes arrivés. C'est ici que les esprits viendront vous visiter. Ils feront de vous un homme et deux femmes de notre clan. Quand la lune aura voilé la moitié de sa face, je reviendrai vous chercher.

Les trois jeunes gens acquiescent en silence. Le chaman leur indique un creux où insérer la torche et leur remet une outre remplie de graisse.

— Voilà de quoi enduire le bois. Si vous laissez s'éteindre la flamme, il vous sera difficile de faire du feu dans l'obscurité. Mais d'ici là, les esprits vous auront déjà repérés.

Le chaman parti, ils se blottissent l'un contre l'autre dans un coin surélevé de la grotte, où la forme convexe de la roche empêche l'eau de stagner.

La longue attente commence. Épuisés par les efforts et le jeûne, ils somnolent, recroquevillés sur eux-mêmes. Tsinapa sait que les esprits ne se manifestent pas tout de suite. Il faut d'abord que l'âme des êtres humains s'échappe de leurs corps pour pouvoir les rencontrer.

Seul le ruissellement de l'eau et les gouttelettes qui tombent dans les flaques viennent rompre le silence de la grotte.

Autour d'eux, des ombres et des formes s'animent sur les parois au gré des oscillations de la flamme, provoquées par le faible courant d'air qui parvient jusqu'à ces profondeurs, visions fugaces de créatures étranges ou familières, de combats furieux et de scènes inattendues.

Peu à peu, sous l'effet du jeûne et des longues périodes de veille, dans cet endroit hors du temps, à l'écart du monde des vivants, leurs perceptions sensorielles s'affinent.

Le bruit causé par la percussion des gouttes d'eau dans les flaques ou sur la pierre résonne de plus en plus fort dans leurs crânes douloureux. Le lointain grondement d'un torrent souterrain parvient jusqu'à eux, s'amplifie, se transforme en fracas de tonnerre. Les oscillations de la flamme sont les éclairs.

Les esprits des trois jeunes gens s'échappent de leurs corps fiévreux, emportés par des visions qui se succèdent ou se répètent inlassablement, imprimant dans leur mémoire le message des esprits.

Malgré le caractère éprouvant de cette initiation, il est rare que quelqu'un succombe à cette épreuve. La vitalité de ces hommes leur permet de supporter le froid et la faim sans dommage. Le choix du début de la saison chaude pour cette cérémonie, lorsque les pluies sont peu abondantes, diminue les risques de montée rapide des eaux souterraines. Une seule fois, depuis que le chaman officie, deux garçons ont péri, noyés par les flots à la suite d'un orage. Cet événement malheureux a été accueilli avec fatalisme. Tous sont convaincus de vivre sous l'emprise de ces forces puissantes et invisibles qu'ils nomment les esprits. Ce sont eux qui régissent les phénomènes naturels. Leurs décisions s'expriment à travers les événements qui ont une incidence sur la vie ou la survie du clan. Selon qu'ils sont favorables ou défavorables, ces événements reflètent leur humeur. Personne ne conteste la légitimité de leur colère. Ils n'ont pas à rendre de comptes. Le chaman est là pour interpréter les signes. Sous son autorité, des attitudes particulières ou des changements de comportement sont préconisés pour recouvrer leur faveur.

Les trois jeunes gens ressentent de moins en moins le besoin de dormir. Leur activité spirituelle atteint son apogée. Depuis peu, la dernière torche s'est consumée. Mais ils n'ont plus besoin de sa lumière pour vagabonder en compagnie des esprits.

Manâ, l'une des deux jeunes filles, cherche la sortie. Elle n'est pas seule. Autour d'elle, des cortèges d'animaux se bousculent dans le tunnel. Ils ne lui prêtent pas attention. Elle est emportée par leur flot. Une vitalité inouïe l'envahit. Elle devient cheval puis renne, peut-être les deux à la fois. Elle sent que le monde s'étend en elle. À présent, elle est un corbeau et survole le troupeau qui s'étire entre les parois. Le passage s'agrandit de plus en plus. La lumière jaillit, aveuglante. La steppe gelée apparaît, immense sous le ciel gris pâle. Les troupeaux se dispersent. Qui est-elle maintenant ?

Elle perçoit la carapace rigide du givre sur son corps. Le vent la secoue mais elle se rit de ses efforts. Ses racines s'enfoncent solidement dans le sol gelé. C'est là que se cache l'esprit de l'herbe. Le soleil de printemps fait fondre la glace. Autour d'elles, les brins innombrables bruissent doucement. Elle sent leur caresse. Une sensation de paix l'envahit. Elle échappe à la terre et se redresse. Ses pas glissent sur le sol détrempé. Maintenant, elle marche sur les traces de sa mère. Elle tourne en rond autour du camp des êtres humains. Sur ses pas, l'herbe jaunit. Devant elle, les rennes s'enfuient vers la plaine. Le cri aigu et musical de l'oie rieuse retentit, tandis que les lourds volatiles s'élèvent au-dessus des marais. Soudain, Manâ s'aperçoit que sa mère n'est plus là. Un homme apparaît au sommet d'une crête. Elle le reconnaît. Il rit et l'engage à la suivre. Elle jette un regard en arrière, vers le lac, mais il n'y a plus de lac. Seules les montagnes sont toujours là. Elle emboîte résolument le pas du chasseur…

Debout dans la vasque, Napali s'égosille depuis longtemps. Il est patient. Il sait que sa voix porte jusqu'à eux. Ils finiront bien par l'entendre. Il aimerait s'épargner l'éprouvante ascension. Tsinapa reconnaît la voix du chaman qui l'attire. Comme à regret, il sent son esprit reprendre possession de son corps.

Le retour est difficile et brutal. Tsinapa voudrait fuir à nouveau ce corps endolori mais le chaman continue de scander son nom. Grognant comme un ours essoufflé, le garçon reprend peu à peu le contrôle de ses membres engourdis. Ses deux compagnes émergent à leur tour de leur léthargie. La clameur du chaman continue de résonner dans la caverne. Ils doivent retourner auprès des leurs. Tsinapa se redresse sur ses coudes, puis s'assoit. Pris de vertige, il ferme les yeux.

S'appuyant l'un sur l'autre pour conserver leur équilibre sur le sol mouillé et inégal, ils marchent avec précaution vers l'orifice de la cheminée par où ils ont grimpé pour parvenir jusqu'ici.

D'une voix rauque, encore hésitante après le long silence, Tsinapa assure le chaman de leur présence. Ils attendent encore un peu avant de se risquer dans le trou. La descente s'avère moins difficile que la montée. Ils n'ont qu'à se laisser glisser en freinant avec les épaules pour éviter de prendre trop de vitesse lorsque la pente s'accentue.

Napali les attend à la sortie du boyau. L'eau a un peu baissé dans la vasque depuis leur passage mais elle est toujours aussi froide.

Les trois initiés, glacés jusqu'aux os, tremblent et claquent des dents. Affaiblis par cette longue période de jeûne, ils avancent à pas lents. Le retour vers la surface leur paraît interminable, mais, portés par les encouragements de Napali, ils finissent par atteindre la sortie. Dehors il fait nuit. Les braises d'un foyer rougeoient. Il y a aussi des vêtements secs. Malgré la vigueur des flammes, les deux jeunes filles et le garçon mettent longtemps à se réchauffer. Ils dorment d'un sommeil troublé.

Le retour vers le camp est long. Leur état d'épuisement accroît les risques de chute, déjà grands pour des êtres humains en pleine possession de leurs moyens. Le chaman leur donne des baies et de petites quantités de racines attendries sous la braise en les invitant à bien mâcher pour réhabituer leurs organismes à la nourriture. Au crépuscule, ils pénètrent dans le camp. L'accueil du clan est chaleureux. Les trois jeunes gens marchent la tête haute. Leurs yeux brillants et leur expression un peu égarée attestent de leur rencontre avec les esprits. Tsinapa cherche du regard son ami Ao. Pendant quelques instants, son cœur s'affole. Et s'il avait devancé son départ ? Mais non, il est là, debout à côté d'Awami. Il secoue la tête en signe de bienvenue. Tsinapa grimace pour exprimer sa joie et sa fierté. Bientôt, ils partiront tous les deux. Malgré la fatigue, il se réjouit à cette perspective, désormais toute proche.

XVI

Les deux hommes ont quitté le camp à l'aube. Leur départ n'a provoqué aucune effervescence. Ao et Tsinapa ne font que se conformer à la volonté des esprits. Les membres du clan les regardent partir, sans émotion apparente. Ces hommes et ces femmes sont convaincus que rien ne se produit sans raison. Ni indifférence ni égoïsme, plutôt une sorte de résignation aux contraintes d'une existence où les événements fortuits n'existent pas.

Ici rien ne s'offre à eux, la vie est vécue obstinément. L'été est court, les hivers, d'année en année, plus rudes. Leur préoccupation essentielle est de survivre à la mauvaise saison. Seules une solidarité sans faille et la soumission à des obligations impérieuses rendent possible l'exploit que constitue la seule existence. La vie humaine est précieuse, à la mesure de l'apport de chaque individu à la communauté. Les comportements agressifs sont réprouvés et tout est mis en œuvre pour désamorcer les conflits. La ritualisation de la mort et les comportements qu'elle impose aux membres du clan ne sont que des mises en scène destinées à apaiser les défunts, à s'assurer qu'ils trouveront le chemin qui mène au monde des esprits. Ceux qui comptent, objets de toutes les attentions, ce sont bien les vivants.

Aujourd'hui, le temps est clément. La saison de chasse va se poursuivre sous les meilleurs auspices. Tout au plus, les chasseurs regrettent-ils de perdre un des leurs. S'ils sont désormais convaincus que les esprits sont favorables à la présence de cet ancien homme, aucun ne conteste la légitimité de son départ. Pas plus qu'eux, Ao ne peut se soustraire au dessein des esprits.

Seule une jeune femme continue de suivre des yeux les deux minuscules silhouettes qui disparaissent et réapparaissent au gré des creux et des bosses qui se succèdent sur la rive droite du lac. Ses doigts se serrent sur la petite main de son fils, debout à côté d'elle. Après s'être tortillé en grognant de frustration pour tenter de s'échapper et trottiner derrière Ao, l'enfant a fini par se calmer, sans doute impressionné par le calme et la gravité de sa mère. Depuis son retour parmi les siens, la jeune femme jouit d'une place à part au sein du clan. Ses brusques accès de colère laissent à penser qu'un esprit puissant la visite et personne n'ose plus la contrarier. Au même titre que les anciens, elle bénéficie de la considération et du respect de l'ensemble de la communauté, qui excluent toute familiarité. Ce statut particulier, associé à sa relation privilégiée avec Ao, contribue à la maintenir dans un certain isolement. Elle s'y complaît, s'abandonnant à des rêveries et à des émotions étrangères à la plupart des membres du clan.

Elle accepte pourtant sans rechigner de participer aux tâches qui incombent aux femmes. Elle ne ménage pas sa peine mais ses pensées sont ailleurs. Aki attendra le retour de son compagnon. Il a dit qu'il reviendrait. Elle le croit. Elle prend son petit dans ses bras pour lui permettre de distinguer encore un peu la silhouette de celui dont il apprécie tant la compagnie.

La jeune femme soupire. Ao est déjà loin mais elle ressent toujours sa présence à l'intérieur de son corps. Une onde de chaleur se propage dans sa chair au souvenir de leurs récentes étreintes. Elle ne se souvient plus des circonstances qui ont précédé ce moment qu'ils attendaient tous les deux. Cela s'est passé. Et c'était bon.

Elle sent encore le jeu des muscles puissants contre sa peau, le corps dur qui la presse, s'enfonce en elle jusqu'à se répandre dans toutes les parties de son être en une vague de plaisir tellement intense qui l'emporte, au-delà de toute autre perception. Ses mains glissent avec tendresse sur les aspérités du visage proéminent, se referment derrière la nuque épaisse. Elle sent la force tapie dans l'ample poitrine se propager dans ses veines. Les grognements de l'homme se mêlent à ses propres cris, affolant ses sens. Elle garde en elle une parcelle de cette chaleur, comme une part d'Ao, gage de son retour, précieusement enfouie dans son ventre.

Le petit Aytamak s'agite à nouveau pour être libéré. Aki accède à son désir, puis s'en va rejoindre ses compagnes affairées au traitement des peaux.

Les deux hommes marchent côte à côte d'un pas égal. Ils sont lourdement chargés, car la traversée du glacier et des sommets avoisinants leur impose de se munir de réserves de nourriture et de peaux épaisses pour se protéger du froid.

Le contraste entre les deux morphologies est saisissant. Le corps fin et long de Tsinapa met en évidence la carrure de son compagnon, plus petit. Ils ont à peu près le même âge mais Ao paraît plus vieux.

Pendant plusieurs jours, ils se sont enfermés avec le chaman pour se livrer à de longs conciliabules. En fouillant dans sa mémoire, le vieil homme s'est efforcé de leur fournir le maximum de précisions sur l'itinéraire qu'ils devront emprunter pour parvenir aux vallées où vivaient les anciens hommes. Derrière le front des sommets enneigés, sur l'autre versant, les montagnes sont moins élevées. En été, les cols sont franchissables. Certes, la traversée n'est pas sans danger, mais les distances à parcourir sont considérablement réduites. En passant par là, Ao et Tsinapa éviteront les territoires des clans rencontrés autrefois par Napali, dont les chasseurs avaient manifesté de l'hostilité à l'évocation des anciens hommes.

Le glacier est vivant. Chaque année, lorsque le temps se réchauffe, il se réveille. Nul ne peut ignorer sa présence. Pas besoin de tendre l'oreille pour entendre l'écho des craquements de la glace qui s'effondre dans l'eau du lac, provoquant de violents remous dont les effets se manifestent jusqu'à son extrémité.

De loin, le glacier semble effectivement franchissable, large brèche ouverte entre les sommets déchiquetés. À l'endroit de son passage, sous le poids de la neige et de la glace, la montagne a été écrasée.

Le chaman n'a pas manqué de mettre en garde les deux hommes contre les pièges tendus par le fleuve de glace. Pendant toute la belle saison, l'esprit du glacier s'agite et il perd une partie de sa masse. Des crevasses s'ouvrent. Des torrents furieux dévalent la pente pour disparaître dans des puits profonds. Les ponts de glace peuvent s'effondrer sous le poids d'un homme. Les plaques de neige fondante cachent parfois de véritables abîmes. Mais attendre l'hiver serait pire. Certes, le froid engourdit le glacier dont l'esprit s'endort sous la surface gelée qui se couvre de neige. Mais les tempêtes y sont quasi permanentes. Le vent du nord s'engouffre dans ce couloir. Les bourrasques chargées de neige et de particules arrachées à la glace restreignent la visibilité. Dès lors, il deviendrait impossible de s'orienter et d'éviter les pièges. Non, personne ne peut s'y aventurer pendant la mauvaise saison. Mais Napali s'est voulu rassurant : en été, deux hommes prudents et avertis peuvent le traverser sans dommage.

La surface bleutée du glacier paraît toute proche mais il faut presque une journée de marche pour parvenir au plus près. Des myriades de moustiques et de minuscules moucherons les harcèlent, attirés par la sueur qui rend leurs corps poisseux. Habitués à payer ce prix à la douceur estivale, les deux hommes ne se plaignent pas.

La surface du lac s'agite de plus en plus. Parfois une vague plus haute que les autres les éclabousse.

La nuit n'est pas encore tombée lorsqu'ils parviennent à proximité de l'endroit où le glacier rencontre le lac. Ao est impressionné par le formidable combat que se livrent ces deux géants. Bien qu'il soit déjà venu ici plusieurs fois, Tsinapa ne l'est pas moins.

Le soleil couchant fait flamboyer le glacier qui palpite de vie et de fureur. Autour d'eux, ce ne sont que sifflements et rugissements de colère, craquements assourdissants. La surface rougeoyante du lac est parcourue par des vagues qui viennent se fracasser sur le rivage, provoquées par la brusque immersion d'énormes morceaux de glace.

Les deux hommes s'installent pour la nuit, à distance raisonnable. Le glacier ne dort pas complètement. De sinistres craquements les réveillent à plusieurs reprises. Dès les premières lueurs de l'aube, ils se lèvent, pressés de fuir le lieu de ce combat titanesque.

De part et d'autre du large couloir de glace s'accumulent des amas de roche et d'argile, arrachés à la montagne.

Tsinapa montre à son compagnon le sentier qui surplombe le lac et permet d'accéder à l'une de ces moraines. Ce passage périlleux ressemble à la voie escarpée, de l'autre côté du lac, empruntée par ceux qui se rendent à la rencontre des esprits, bien plus adaptée au pied des chamois qu'à celui des humains. Certaines parties verticales semblent infranchissables. Mais Tsinapa est déjà venu ici avec Napali. Il connaît les prises et les appuis qui permettent de grimper. Ao fait confiance à son compagnon. Il calque ses mouvements sur les siens. La perspective d'une chute dans l'eau glacée l'incite à la prudence.

Loin en dessous d'eux, la surface noire du lac est parfaitement lisse. Rien n'indique que bientôt le terrible combat va reprendre. Lorsqu'ils atteignent la moraine, le soleil se hisse au-dessus des montagnes. Aux premiers craquements de la journée font écho les croassements d'une bande de corbeaux qui tournoient au-dessus d'eux, intrigués par la présence inhabituelle de ces bipèdes.

Les deux hommes progressent en diagonale, au milieu des éboulis, en direction de la langue de glace.

Depuis la berge du lac, la surface bleutée paraissait nue et lisse. Ao découvre qu'il n'en est rien. De près, le glacier est constitué d'une mosaïque de blocs irréguliers, soudés les uns aux autres, témoignant du mouvement en avant de la glace. Des torrents d'eau cristalline dévalent la pente vers le lac, creusant des sillons profonds avant de s'engouffrer dans des crevasses. La vie semble palpiter dans les entrailles gelées de ce monstre. Des gémissements et des grondements inquiétants s'en échappent. Peu rassurés, les deux hommes l'implorent de tolérer leur passage sur son dos. Ils s'engagent prudemment sur la surface irrégulière dont la couleur varie du bleu au gris selon la densité plus ou moins grande de particules de terre, de blocs de granit ou d'argile sertis dans la glace. Il leur faut tout de suite zigzaguer entre les crevasses. Certaines ont la largeur d'une main, d'autres, bien plus larges, sont de véritables abîmes.

Par moments, la glace est tellement imprégnée de particules de terre et de cailloux qu'elle paraît être devenue roche elle-même. Ils marchent, serrés l'un contre l'autre, prêts à se retenir mutuellement en cas de glissade. Il est rarement possible de progresser en ligne droite comme ils avaient cru pouvoir le faire de loin. Il faut sans cesse contourner les blocs énormes et les gouffres profonds.

Le crépuscule est proche. Mais à cet endroit, le glacier est cerné par des falaises vertigineuses, impossibles à escalader. Il faut continuer. Contraints de se dépêcher pour devancer la nuit, ils pressent l'allure, prenant le risque de sauter au-dessus des crevasses ou de franchir les étroits ponts de névé plutôt que de perdre du temps à chercher des passages plus sûrs. Mais cette portion est courte. Derrière, le glacier s'élargit. La masse sombre des moraines au relief accidenté réapparaît sur les côtés. Soulagés, ils se hâtent en direction des rochers. Blottis l'un contre l'autre dans une petite niche, ils s'endorment, harassés. Les gémissements du glacier hantent leur sommeil.

Tsinapa se réveille le premier. Ils ont dormi plus longtemps que la veille. Le ciel est bleu. Les conditions sont toujours idéales. Ils s'en réjouissent, y voyant un encouragement des esprits.

L'aspect du glacier a changé. Les crevasses sont moins nombreuses. Les torrents se concentrent dans sa partie centrale, formant une véritable rivière. La pente s'accentue un peu. Leurs mocassins en peau de renne sont imprégnés par l'eau tapissant la surface des névés qui gicle à chaque pas. L'épaisseur du cuir les protège toutefois des engelures. La réverbération du soleil brûle leur peau et les aveugle. Leurs yeux sont rouges et larmoyants. Devant eux, de gigantesques vagues de glace, chargées de terre et de pierres, se succèdent, immobiles. Parfois un énorme rocher arraché à la montagne se dresse vers le ciel, maintenu par une main de glace, comme un avertissement ou un geste de défi.

Maintenant, une moraine médiane s'élève à l'endroit où deux glaciers se rejoignent. C'est un véritable champ de blocs de granit de toutes tailles entre lesquels se précipitent les torrents. Il faut contourner, escalader sans cesse. Lorsqu'ils ont franchi ce chaos, la nuit tombe déjà. Épuisés, ils se terrent dans le premier trou venu, entre les pierres. Malgré leurs épaisses couvertures, ils sont réveillés tôt le matin par le froid.

Conformément aux indications de Napali, ils s'engagent sur le bras du glacier le plus à gauche. À leur grand soulagement, il s'avère peu encombré. La marche est plus aisée. Parfois, on aperçoit l'eau couler sous la surface gelée. Les deux hommes apprécient cette partie relativement facile. Ils en profitent pour admirer ce paysage envoûtant, sensibles à la pureté de cet univers transparent aux couleurs changeantes, à ses formes lisses, sculptées par le vent, à la beauté d'une veine de quartz qui scintille au sein du granit prisonnier de la glace.

Sur les côtés escarpés, les saules nains côtoient le silène des glaciers dont les touffes roses garnissent le creux des rochers humides. Ailleurs, quelques taches rouges indiquent la présence de renoncules. Rien ne semble pouvoir empêcher le miracle de la résurrection annuelle de ces plantes obstinées. De temps en temps, la silhouette immobile d'un chamois se découpe sur un rocher. Au-dessus d'eux, quelques corbeaux continuent de tournoyer inlassablement, convaincus que ces deux intrus finiront par abandonner derrière eux les reliefs de leurs repas.

Le glacier s'élargit encore. Les névés ont fait place à une couche de neige humide qui ralentit à nouveau la progression des deux hommes. Ao se souvient des conseils du chaman. La croûte en surface peut céder sous leurs pas à tout moment et dévoiler une crevasse. C'est la dernière étape, sans doute la partie la plus dangereuse, là où les chutes de neige sont les plus abondantes, vaste cirque blanc environné de falaises, qui constitue le réservoir du glacier.

Ils avancent avec précaution vers le sommet aplati. Ils espèrent pouvoir atteindre l'autre versant avant la tombée du jour mais les distances sont trompeuses. La nuit les prend de vitesse. Ils décident de profiter de la pleine lune pour continuer. Au terme d'une marche harassante, ils finissent par atteindre leur but. Ils voient la masse sombre des monts environnants se détacher dans la lueur blafarde diffusée par l'astre nocturne. En quelques pas, ils accèdent à l'autre versant, vaste dalle rocheuse qui s'incline sèchement vers l'ouest. S'aventurer sur le granit verglacé, dans l'obscurité, serait une folie. En cas de glissade, rien ne leur permettrait de se retenir.

Le vent ne s'est toujours pas levé. Abrutis de fatigue, assis dos à dos, là où le sol est à peu près plat, ils mastiquent quelques tranches de viande séchée. Ils ont soif. Tsinapa se relève en grognant pour aller remplir une vessie de renne avec de la glace raclée sur la dalle. Il leur faudra attendre qu'elle fonde au contact de la chaleur de son corps.

Seule la soif les empêche de sombrer dans le plus profond sommeil.

XVII

Le temps clair s'est maintenu longtemps. Pour la première fois, ce matin, le soleil est masqué par une couverture de nuages bas. Le vent s'est levé. Plutôt doux, il apporte l'humidité. L'atmosphère est brumeuse.

Comme l'avait indiqué Napali, après quelques passages difficiles, les montagnes se sont arrondies. Les fonds de vallée sont plutôt verdoyants.

Chaque soir, ils bivouaquent sur un nouveau sommet et scrutent les vallées environnantes dans l'espoir d'apercevoir la lueur d'un foyer. Eux-mêmes ne se privent pas de faire du feu. Le bois ne manque pas. Ils comprennent pourquoi des hommes ont choisi de s'installer par ici. Sur les pentes ensoleillées, entre les buissons de rhododendrons, l'airelle dispute le terrain à la bruyère et à la busserole, fournissant aux deux voyageurs de grandes quantités de baies. En fond de vallée, les grappes de petits fruits jaunes des argousiers colorent les taillis le long des cours d'eau. Dans les parties plus marécageuses, les groseilliers noirs prennent le relais. Les prairies d'altitude sont les pâturages de hardes de petits chevaux. On y rencontre aussi des bandes de rennes. Mais l'enclavement des vallées et l'étroitesse de certains accès ne permettent pas de grands rassemblements. Sur les versants rocheux, plus escarpés, les bouquetins et les chamois rivalisent d'agilité pour accéder aux terrasses herbeuses.

La traque du gibier est facilitée par les nombreux pièges tendus par la nature. Les vallées n'ont souvent qu'une seule issue et les pistes des animaux sont nettement marquées. Les ressources variées permettent aux deux compagnons de s'approvisionner au jour le jour, en fonction des opportunités, sans s'encombrer de réserves de nourriture. Ils sont persuadés qu'ils ne vont pas tarder à rencontrer des êtres humains.

Une nouvelle journée de marche s'achève. Une fois de plus, l'obscurité ne révèle aucune lueur à l'horizon. Tsinapa enduit sa cheville endolorie avec un mélange de racines broyées et d'argile. Ce baume rafraîchissant le soulage.

Ao apprécie la compagnie du jeune homme. Malgré sa boiterie, il marche d'un bon pas sans jamais se plaindre. À la chasse, il compense son handicap par la précision de son jet de sagaie. Aucune contrariété ne parvient à altérer sa bonne humeur. Son sens de l'observation, ses intuitions et sa dextérité manuelle en font un partenaire précieux. Curieux et perspicace, souvent inspiré, il a rapidement assimilé les subtilités du langage de son compagnon dont il semble lire les pensées.

Après une journée nuageuse, entrecoupée d'averses, le vent soutenu dégage une portion de ciel, dévoilant quelques étoiles.

— Les feux du ciel se sont allumés, remarque Ao. Demain le soleil réapparaîtra.

Tsinapa acquiesce en silence.

— Qui allume les feux du ciel ? interroge Ao.

— Ils ne s'éteignent jamais. Lorsque la nuit tombe, la lune disperse le soleil pour permettre aux hommes et aux animaux de se reposer. À l'aube, ils se rassemblent à nouveau pour éclairer le monde. Le feu du ciel vient de la terre. Autrefois, seule la lune habitait le ciel. La terre était déserte. Toutes les créatures vivantes cohabitaient avec les esprits dans de profondes et vastes cavernes éclairées par un grand feu. Les animaux et les plantes ancêtres voulaient sortir à la surface mais il n'y avait pas assez de lumière. Ils ont demandé aux esprits d'éclairer la terre. Les esprits ont soufflé le feu de la terre vers le ciel. Alors les ancêtres ont quitté les cavernes profondes où vivent les esprits. Quand ils ont vu la lumière, les animaux et les plantes les ont suivis. Les esprits ont laissé du feu dans le bois et certaines pierres, et ils ont enseigné aux hommes comment le faire sortir pour cuire la viande et éloigner les mauvais esprits.

Ao écoute avec attention. Tsinapa connaît beaucoup de choses. Ao ignorait que le soleil avait habité sous la terre autrefois. Mais aujourd'hui, Tsinapa se trompe. Les esprits n'habitent pas sous la terre. Portés par le souffle du vent, ils parcourent la toundra en attendant de se réincarner. Un homme peut parfois bénéficier de la force de plusieurs esprits. Ceux des anciens hommes du clan viennent visiter Ao. Ils sont dans sa tête. Mais depuis quelque temps, Ao n'entend plus leurs voix. Les visages des siens ont cessé de lui apparaître. Ao s'interroge sur ce changement. Pourquoi les esprits gardent-ils le silence ?

À côté de lui, Tsinapa psalmodie une mélopée rythmée par la percussion régulière d'une pierre contre un tronc creux. Il invoque les esprits des créatures connues qui peuplent le monde, les priant de guider leurs pas vers le territoire des anciens hommes.

Les habitants de la terre, énumérés par le jeune chaman, défilent sous les yeux d'Ao. Ils jaillissent des profondeurs, avides de lumière et de chaleur. Parmi eux, il aperçoit le clan des anciens hommes. Il en vient sans cesse d'autres. Ils se répandent à la surface du monde, envahissent les vallées, installent leurs campements à la lisière des forêts, le long des fleuves ou en bordure de la toundra. Leurs traces sont partout. Ao n'a aucun mal à suivre leurs pistes. Mais lorsqu'il s'approche d'eux, il voit que ces hommes et ces femmes ne lui ressemblent pas. Ils ont l'apparence de Tsinapa et des siens. Ils parlent leur langage.

Ce matin, ils ont rencontré une femelle ours et son ourson en train de se gaver de baies au milieu d'un tapis de busseroles. Surprise en plein festin, la mère a fait mine de se précipiter sur eux avant de se raviser. Sans doute a-t-elle déjà eu affaire à ces dangereux bipèdes !

Ils croisent à plusieurs reprises la piste d'un lion, mais sans jamais rencontrer cet animal redoutable qu'ils prennent soin d'éviter au prix de larges détours.

Patiemment, ils poursuivent la fouille systématique de chaque vallée, ne négligeant pas même les plus petites, inspectant les endroits propices à l'implantation humaine, recherchant les moindres traces du passage d'êtres humains, restes de foyer ou accumulation de débris, empreintes de pas dans le sable ou la boue. Cette quête méthodique finit par porter ses fruits.

Depuis deux jours, Ao et Tsinapa marchent sur les traces d'une petite harde de chevaux. Ces animaux véloces se déplacent sans cesse en paissant. Ils suivent la ligne de crête des collines. Ao s'est laissé distancer par Tsinapa. Il entend son compagnon l'appeler à grands cris. En levant les yeux, il le voit gesticuler. Il se hâte de le rattraper. Aucun doute, ce sont bien des empreintes de pieds humains, mêlées à celles des sabots, que lui désigne le jeune homme. Les chevaux se sont dispersés. L'herbe est maculée de sang par endroits.

— Les chasseurs étaient à l'affût derrière ce bosquet, relève Ao en montrant des traces en provenance d'une petite protubérance à droite de la crête.

— Les traces vont dans les deux sens. Ils sont repartis par là. Vois comme elles sont plus profondes. Ils étaient lourdement chargés, ajoute Tsinapa.

Les deux hommes gravissent le mamelon. Derrière les massifs de rhododendrons, la bruyère a été foulée à l'endroit où se tenaient les chasseurs. Au-delà, une piste descend à travers les mélèzes. Le campement des chasseurs est peut-être quelque part en bas.

— Ici, le point de vue est excellent. Cette nuit, nous devrions apercevoir les feux des hommes, pronostique Tsinapa.

Ils escaladent l'amas de rochers qui coiffe la petite colline. De là, la vue couvre l'ensemble de la vallée. Juchés côte à côte, ils attendent que la nuit tombe. Le crépuscule se prolonge, sans doute pour mettre leur patience à l'épreuve. Après avoir empourpré le ciel, les dernières lueurs du soleil s'estompent et l'obscurité envahit la terre. Les deux compagnons laissent éclater leur joie. Sous leurs yeux, un petit point rouge clignote. Il prend peu à peu de l'ampleur. D'autres s'allument autour de lui. Tsinapa en compte cinq.

— C'est beaucoup pour un seul campement. Il est vrai que le bois ne manque pas par ici. Il doit s'agir d'un clan important !

Après avoir si longtemps cherché, ils ne parviennent pas à détacher leurs regards de ces minuscules lueurs qui scintillent dans la nuit, comme s'ils craignaient de les faire disparaître en les quittant des yeux. Hypnotisés par les halos ténus, leurs rêveries solitaires les conduisent jusqu'à l'aube. Le lever du jour estompe rapidement l'éclat des feux. Les yeux écarquillés, ils s'efforcent de localiser l'emplacement des foyers. Un mince filet de fumée s'élève depuis le sommet d'une bosse sur la rive opposée de la rivière qui serpente en fond de vallée. La distance et le couvert des arbres les empêchent d'en voir davantage.

Avant de se mettre en marche, ils prennent quelques repères par rapport à la rivière et à la végétation.

Ao tempère quelque peu l'enthousiasme de Tsinapa. Son expérience l'incite à la méfiance. Il sait que certains hommes chassent les êtres humains comme du gibier.

— Soyons prudents. Approchons-les sans nous faire repérer et voyons à quelle sorte d'hommes nous avons affaire.

Tsinapa acquiesce.

— Tu as raison.

Ao mène la marche. Ils progressent rapidement sous le couvert des mélèzes. Les arbres sont très espacés du fait de la présence de nombreux rochers. Les pas des chasseurs qui les ont précédés sont imprimés sur le tapis d'aiguilles ; la piste est facile à suivre. Dans la vallée, elle rejoint d'autres tracés qui serpentent à travers les buissons de genévriers et de rhododendrons. Les deux hommes ont du mal à s'orienter. Indécis, ils optent pour les sentiers qui les rapprochent de la rivière dont ils perçoivent le lointain murmure. D'après leurs observations, le camp devrait se trouver quelque part sur la rive opposée. Régulièrement, ils s'arrêtent pour écouter et renifler mais ne décèlent rien de particulier.

À mesure qu'il leur semble se rapprocher du cours d'eau, les taillis se font de plus en plus denses. Autour des buissons d'argousiers, les empreintes humaines se mêlent aux sabots des chevaux, particulièrement friands du feuillage de cet arbuste coriace dont les grappes de petits fruits acidulés, parés de vertus, se maintiennent tard dans la mauvaise saison, véritable providence pour les êtres humains qui vivent dans ces régions froides. Avec le bouleau blanc, dont ils prélèvent la sève au printemps, cet arbuste généreux fait l'objet d'une véritable vénération.

Ao et Tsinapa ont de plus en plus l'impression de tourner en rond. Les repères qu'ils ont pris avant de descendre dans la vallée ne leur sont d'aucune utilité car masqués par la végétation. Dépités, ils se résignent à tenter de se frayer une voie à travers les broussailles. Avec sa jambe raide, Tsinapa est à la peine. Il bute contre les racines et les pierres. Les épines coriaces déchirent son vêtement et lacèrent sa peau. Ao, qui l'entend grogner dans son dos, s'applique à lui dégager le passage de son mieux.

Les voix indignées des habitants des lieux s'élèvent sur leur passage. Ce sont surtout des oiseaux et des petits mammifères qui trouvent dans ces épais fourrés un refuge idéal contre l'avidité des prédateurs. À plusieurs reprises, les deux hommes sont contraints de ramper pour pouvoir continuer à avancer. Par moments, le bruit de la rivière semble s'éloigner. Pour la première fois, Tsinapa manifeste des signes de mauvaise humeur. Il fait de plus en plus sombre. Trop tard pour rebrousser chemin. Ils renoncent à poursuivre plus avant et se recroquevillent en maugréant dans leurs couvertures à l'endroit même où ils se trouvent. Après leur précédente nuit de veille, la fatigue finit par les terrasser. Le réveil est morose. Pressés de sortir de ce piège, ils ne prennent même pas le temps de manger. Après avoir contourné avec peine un volumineux rocher, ils ont l'impression que le murmure de la rivière leur parvient plus distinctement.

— On dirait que ça descend, constate Ao.

La terre se gorge d'eau, l'air se rafraîchit.

Encouragés, ils progressent avec plus d'ardeur. À la faveur d'une trouée, Ao aperçoit un coin de rivière en contrebas. Le courant est faible. Avec un soupir de soulagement, les deux hommes se laissent glisser dans l'eau fraîche. À son contact vivifiant, les courbatures et les brûlures se dissipent. Ils conviennent que la butte devrait se trouver en amont. Prudemment, ils progressent à couvert à proximité de la berge. Leurs pieds nus s'enfoncent dans le limon. Mais bientôt le lit de la rivière s'élargit et se couvre de galets, ce qui facilite leur progression.

Tsinapa croit reconnaître les circonvolutions de la rivière relevées à proximité de la butte où devrait se trouver le camp. Effectivement, le promontoire surgit à la sortie du virage suivant. Ao ne s'était pas trompé, plusieurs huttes, dont ils aperçoivent les parties supérieures, coiffent le sommet dénudé de cette petite colline. Il y a longtemps, un éboulement a dû se produire, peut-être suite à un tremblement de terre, et d'importantes quantités de pierres et de terre ont roulé jusqu'à la rivière. L'eau a fini par en emporter une partie, mais il en est resté ce tertre qui constitue le point culminant de la vallée.

D'en bas, impossible de distinguer autre chose que les toits des huttes. L'endroit a été bien choisi. Pour se rapprocher davantage, Ao et Tsinapa n'ont d'autre choix que de s'aventurer à découvert au travers des éboulis qui constituent la base du promontoire. Ils décident de le contourner pour voir ce qu'il en est de l'autre côté. À nouveau, ils doivent se frayer un passage à travers la végétation qui cerne la colline. Sur le versant opposé à la rivière, moins abrupt, quelques bouleaux se sont implantés dans la rocaille, et une piste sinueuse monte vers le camp. L'espacement entre les arbres, peu fournis et de petite taille, ne permet pas de l'emprunter sans risquer d'être repéré depuis le sommet. Ils prennent le parti de se dissimuler derrière des rochers pour guetter le passage éventuel de membres de ce clan.

Ils n'attendent pas longtemps. À peine installés, des éclats de voix leur parviennent. Trois femmes et deux hommes descendent vers la rivière suivis de plusieurs enfants. Les femmes sont munies de paniers tressés. Les hommes portent des perches sur l'épaule, auxquelles sont suspendues des outres. Parvenus au pied de la colline, ils se séparent. Les femmes et les enfants suivent la piste qui se prolonge entre les taillis, tandis que les hommes se dirigent vers la rivière. Ils ont le torse nu et ne portent pas d'armes. Tsinapa estime qu'ils doivent avoir à peu près leur âge. Il croit reconnaître quelques expressions parmi les bribes de conversation qui leur parviennent. Ils entendent les deux hommes chahuter dans l'eau. Tsinapa a très envie de se porter à leur rencontre. S'il s'en tient aux indications de Napali, ils ne devraient pas être très loin de l'endroit où a eu lieu la rencontre avec les anciens hommes. Il pourrait s'agir d'un clan issu de la grande tribu. Il sonde Ao du regard. D'un mouvement de tête, ce dernier lui fait signe qu'il est d'accord pour se montrer. Sans plus tergiverser, ils quittent leur abri et marchent vers la rivière.

En les voyant apparaître sur les berges, les deux hommes, debout au milieu du cours d'eau, se figent, médusés. Leurs regards inquiets se posent sur les pointes acérées des sagaies qui dépassent derrière le dos de ces étrangers. Ils esquissent un mouvement de fuite vers la rive opposée.

Ao et Tsinapa s'empressent de se défaire de leurs armes. Tsinapa multiplie les gestes et les paroles de salutation en usage parmi les descendants de la grande tribu qui ont continué à marcher vers la toundra. Les deux hommes se sont arrêtés. Étonnés, ils se concertent des yeux. L'un d'eux prononce à son tour quelques mots qui ressemblent à ceux de Tsinapa. Encouragé, celui-ci les invite à sortir de l'eau. Ao exhibe le coquillage de Napali. Mais ces seuls gestes ramènent l'inquiétude dans leur regard. À l'évidence, ils se méfient de lui. Il s'écarte de quelques pas. Un peu rassurés, les deux hommes sortent lentement de l'eau, prêts à détaler au moindre signe d'hostilité. Après avoir marqué un temps d'hésitation, ils hissent les perches avec les outres dégoulinantes d'eau sur leurs épaules. Puis ils s'engagent sur le sentier qui grimpe vers le camp en jetant par intermittence des regards derrière eux. Ao et Tsinapa ramassent leurs armes et leur emboîtent le pas en gardant leurs distances. Au fil de l'ascension, une rumeur de plus en plus forte leur parvient. Ils aperçoivent des silhouettes aller et venir entre les huttes. Soudain, une clameur retentit. Une femme hurle pour attirer l'attention en pointant son doigt vers eux. D'autres cris relayent l'information à travers le camp. Un groupe s'est formé autour des porteurs d'eau qui se sont débarrassés de leur fardeau. Tsinapa les voit s'entretenir avec des chasseurs en gesticulant. Un à un, les regards convergent vers eux. Incrédules, les habitants suivent des yeux ce couple improbable qui s'avance vers le camp.

Passé les premiers instants de stupeur, les chasseurs se précipitent à leur rencontre et les entourent. Ils sont plutôt menaçants. Tsinapa et Ao se délestent de leurs armes. Tsinapa prononce à nouveau des paroles de paix. Ao se garde de bouger.

Un homme corpulent, encore jeune, empreint de dignité, se fraie un passage à travers le cercle. Aux parures qui ornent son corps et ses vêtements, à son allure souple, caractéristique de ceux qui s'adonnent à la danse, Tsinapa reconnaît un chaman. L'homme intime le silence à l'assemblée. Après les avoir considérés avec attention, il entreprend de leur tâter les joues et de leur tirer les cheveux, apparemment désireux que ses mains lui confirment ce que voient ses yeux.

Puis il s'écrie à l'intention des siens dans une langue très proche de celle de Tsinapa :

— Ce sont bien des hommes !

La tension diminue d'un cran.

Malgré quelques différences dans la prononciation, Tsinapa a compris le sens de ses paroles.

Il décide de se présenter.

— Je suis Tsinapa. Voici Ao. (Il montre la direction du soleil levant.) Notre territoire se trouve en bordure de la grande plaine qui s'étend de l'autre côté des montagnes. La lune a été ronde deux fois depuis notre départ. (Il désigne Ao.) Cet homme est à la recherche de son clan qui vivait là autrefois. Pour arriver jusqu'ici, nous avons suivi les indications de Napali, notre chaman.

La référence au nom du chaman ne fait pas réagir son interlocuteur. S'il n'ignore pas l'odyssée de la grande tribu, il ne l'a pas vécue lui-même, pas plus que les autres membres de son clan. Sa mémoire contient les noms de quelques personnages importants de son peuple. Mais à ce moment-là, Napali n'était encore qu'un enfant sans nom.

Le chaman s'adresse à voix basse au chasseur debout à ses côtés, un homme grand et fort dont le visage tourné vers Ao exprime la contrariété. La même expression se reflète dans les autres regards. Il est manifeste qu'Ao n'est pas le bienvenu.

Tsinapa insiste, persuadé d'être en présence des descendants de ceux de la grande tribu qui se sont installés ici après la rencontre avec les anciens hommes. Il désigne à nouveau son compagnon immobile et silencieux :

— Cet homme appartient au même peuple que ceux qui ont accueilli les pères de nos pères lorsqu'ils sont passés par ici. Il est notre ami.

À l'appui des paroles de Tsinapa, Ao montre à nouveau la coquille que lui a remise Napali.

Le gros chaman s'en empare. Il l'examine longuement avant de la lui rendre. Il soupire. D'un geste, il tente de faire taire la rumeur désapprobatrice qui se répand parmi les siens. Il s'adresse à Tsinapa :

— Le soleil va bientôt disparaître. Les voyageurs peuvent s'asseoir près du feu des hommes.

À nouveau, une vague de réprobation l'oblige à réclamer le calme. Son autorité n'est pas aussi forte que celle de Napali. L'homme à la haute stature intervient pour le soutenir. Mais le grondement persiste au sein de l'assemblée des chasseurs. Certains sont furieux. Les visages fermés, ils expriment leur hostilité par des gestes et des mimiques sans équivoque.

L'accueil n'est pas celui espéré, loin de là.

« Que s'est-il donc passé ici ? » se demande Tsinapa.

Celui qui semble être leur chef persiste à soutenir le chaman. Il lève les bras en geste d'apaisement.

— Les deux hommes partiront au lever du soleil, assure-t-il.

De mauvaise grâce, les habitants s'écartent pour laisser Ao et Tsinapa avancer jusqu'au feu.

Le chaman invite les deux visiteurs à s'asseoir face à lui. Le chef et les chasseurs les plus âgés s'assoient à leur tour. Les plus jeunes restent debout. Le groupe de femmes et d'enfants partis ramasser des baies est revenu. Ils se tiennent à distance.

Le chaman prend la parole.

Il se réjouit d'apprendre que ceux de l'ancienne tribu, qui ont continué à marcher vers le nord, ont pu atteindre la grande plaine et y prospérer. Puis il fait appel à la mémoire de son clan pour évoquer les noms des anciens. Tsinapa en reconnaît quelques-uns pour les avoir entendus de la bouche de Napali.

Le silence se fait peu à peu dans l'assemblée. Les hommes boivent les paroles du conteur. Celui-ci s'anime. Il raconte le long voyage de leurs pères. Il évoque ce qu'il sait de la rencontre avec le peuple d'Ao :

— Voilà ce que disaient les anciens. Des hommes, des femmes et des enfants étaient morts. Le chaman suppliait les esprits de favoriser les êtres humains mais les chasseurs revenaient bredouilles. Un jour, ils ont rencontré les anciens hommes. Ils se sont montrés amicaux. Ils ont partagé leur nourriture. Plus tard, ils ont montré aux chasseurs les pistes et les repaires des animaux, ils leur ont appris à reconnaître les plantes comestibles. Les survivants de la grande tribu sont restés deux hivers avant de repartir. En arrivant dans ces collines, certains ont décidé de rester. Nous sommes leurs descendants. Les autres ont continué à marcher vers le nord pour contourner les montagnes et atteindre la grande plaine qui s'étend vers le soleil levant, là où se rassemblent les grands troupeaux. Les anciens hommes ont accepté la présence de notre clan à proximité de leur territoire. Lorsque la chasse était bonne, des nôtres marchaient jusqu'à leur camp pour leur offrir une part de gibier. Ils acceptaient. Parfois, ils faisaient la même chose. Mais les rencontres se sont espacées. Un jour, ils sont venus à plusieurs. Ils ont dit qu'ils avaient faim. Ils ont demandé de la nourriture et des peaux. Ils ont dit que des hommes qui nous ressemblaient s'aventuraient à l'autre extrémité de leur territoire et que le gibier était de plus en plus rare. Ils ont dit que ces hommes étaient cruels et qu'ils les chassaient comme des animaux. Notre chaman a consenti à les rencontrer pour défendre la cause des anciens hommes. Il est allé là-bas et il leur a demandé pourquoi ils tuaient les anciens hommes sur leurs propres territoires. Ils ont répondu qu'ils n'étaient pas des êtres humains mais des êtres nuisibles animés par des esprits hostiles. Le chaman a affirmé que les anciens hommes étaient aussi des êtres humains. Ils se sont fâchés et ont refusé d'en entendre davantage. Après, les anciens hommes sont revenus de plus en plus souvent chercher de la nourriture. Ils disaient que leurs enfants et leurs femmes avaient faim. Certains des nôtres ont commencé à penser que les anciens hommes n'étaient peut-être pas des êtres humains et que leur présence mécontentait les esprits. Ils sont devenus méfiants et leur ont dit de ne plus revenir. Quelques lunes plus tard, alors que l'hiver n'en finissait pas, ils sont arrivés en nombre. Ils ont de nouveau exigé de la nourriture et des peaux. Ils étaient assez menaçants. Les chasseurs ont consenti de mauvaise grâce à leur abandonner une part de leurs réserves. Ils n'ont pas reparu plusieurs saisons de suite. Un jour, des représentants du clan implanté au nord du territoire des anciens hommes où notre chaman s'était rendu pour intercéder en leur faveur, sont venus. Ils ont demandé où étaient les anciens hommes. Le chaman a répondu qu'ils n'étaient pas là. Ils ont dit que les anciens hommes avaient tué trois des leurs pour s'emparer du gibier et ils ont demandé de l'aide pour les exterminer. Les nôtres ont hésité. Le chaman leur a rappelé que ces hommes les avaient accueillis et leur a interdit de se joindre à eux. Les chasseurs du Nord sont repartis. Ils n'étaient pas contents. Plus tard, nos pères ont appris que la fureur des anciens hommes s'était abattue sur eux. Ils avaient attaqué leur camp, tuant des chasseurs mais aussi des femmes et des enfants avant de disparaître. Les survivants sont revenus réclamer l'aide de nos chasseurs. Dans le clan, l'hostilité grandissait contre les anciens hommes. Des voix s'élevaient pour exhorter le chaman à reconsidérer sa position mais il a tenu bon. Plusieurs saisons ont passé avant qu'ils ne reparaissent. Ils étaient misérables. Plus de la moitié des leurs avaient été tués par les anciens hommes qui les harcelaient sans répit. Ils avaient peur. Cette fois l'autorité du chaman a été sérieusement mise à mal. Certains ont mis en doute sa clairvoyance.

Tous critiquaient son obstination. Peu de temps après, trois chasseurs ne sont pas rentrés. Leurs corps n'ont pas été retrouvés. Alors le chaman a fini par reconnaître que les anciens hommes étaient devenus malfaisants et qu'il fallait les tuer. Mais ils étaient introuvables. Ils étaient redevenus des esprits. De loin en loin, des chasseurs ont prétendu les avoir aperçus. Avant de mourir et de me confier l'oreille des esprits, le vieux chaman m'a raconté cette histoire. Aujourd'hui, tous ceux qui ont connu les anciens hommes sont morts. Mais, il y a de cela de nombreux hivers, deux êtres, qui ressemblaient à la description que m'en avait faite le chaman, ont été surpris à rôder autour de notre camp. Ils étaient très jeunes, maigres et affamés, mais ils restaient plus forts que le plus fort d'entre nous. Ils se sont battus férocement, blessant plusieurs chasseurs avant de succomber sous les coups. Depuis, nous n'avons plus jamais eu affaire à ces hommes, ni décelé aucun signe de leur présence. (Il pointe un doigt vers Ao.) Celui-là est le premier que nous revoyons. Il ne doit pas rester ici. Demain, vous quitterez notre camp. Les anciens hommes ne sont plus les bienvenus sur notre territoire. Et surtout, ne remontez pas trop vers le nord ! Vous risqueriez de rencontrer les descendants des chasseurs qui ont souffert de leur fureur. (Il désigne à nouveau Ao.) Ils seront sans pitié avec cet homme-là. Il n'y a plus d'anciens hommes par ici. Ils sont partis ou ils sont morts.

Le chaman se tait. Personne n'ajoute rien.

Tsinapa est déçu. Il scrute le visage impénétrable de son compagnon. A-t-il compris le long discours de l'homme ?

Sans doute en partie.

— Comment est le monde de ce côté ? demande Tsinapa en indiquant le lieu où le soleil se couche.

— En marchant autant de jours que les deux mains, vous rencontrerez un large fleuve qui coule de cette direction. Il passe derrière les grandes montagnes de glace où les ancêtres qui chassaient sur les rives du grand lac salé croyaient que s'arrêtait le monde. En remontant son cours, vous parviendrez jusqu'aux grands plateaux qui s'étendent loin vers le soleil couchant. C'est une région froide où le vent souffle continuellement. Il n'y a pas d'arbres pour l'arrêter et le gibier est rare. Les chasseurs de nos clans ne se sont jamais aventurés au-delà.

Le chaman se lève, indiquant qu'il souhaite mettre un terme à cet entretien.

— Vous pouvez demeurer ici jusqu'à l'aube. Mais ne vous attardez pas.

Tsinapa acquiesce en silence, tandis que les habitants regagnent leurs huttes. Il interroge Ao :

— As-tu compris les paroles du chaman ?

Ao grimace.

— Ao n'est pas le bienvenu. Les anciens hommes sont morts. Ces hommes ont pris leur place. Ao comprend.

Tsinapa ne sait pas quoi dire. Il ressent le désarroi de son compagnon. Il voudrait l'encourager.

— La belle saison n'est pas finie. Ao et Tsinapa traverseront les plateaux. Ils trouveront l'endroit où vivent les anciens hommes.

Ao se tait. Méfiants, ils dorment à tour de rôle. Ils n'attendent pas le lever du jour pour quitter le camp endormi.

XVIII

Bien des jours ont passé. Depuis près d'une lune, Ao et Tsinapa longent la formidable muraille des grandes montagnes blanches qui s'étire sur leur gauche. Ils ne se lassent pas de contempler l'interminable succession d'aiguilles acérées. Ils ont mis à profit la fin de la belle saison pour parvenir au pied des grands plateaux évoqués par le chaman du clan des montagnes. Ils passent l'hiver dans l'une des grottes qui truffent le calcaire après avoir profité de la persistance du beau temps pour chasser et faire des réserves.

La neige a recouvert l'herbe jaunie et le lichen. Les journées s'écoulent, monotones. Certains jours, ils ont les yeux rougis par la fumée du foyer qui s'évacue difficilement à cause du vent tourbillonnant. L'odeur âcre se mêle à celle des peaux qui leur servent de couvertures et de tapis. Ils sortent régulièrement remplir leurs poumons d'air glacé. Quand le temps le permet, ils explorent les bois environnants dans l'espoir de se procurer de la viande fraîche. La température très basse leur impose de se vêtir chaudement. Même si elles ne sont guère fructueuses, ces sorties leur permettent de mouvoir leurs muscles ankylosés par les longs moments d'immobilité passés à remettre en état leurs armes et leurs outils. À défaut de gibier, ils en profitent pour ramasser du bois et prélever des troncs de jeunes pins qu'ils utilisent pour en faire des épieux ou réaliser de nouveaux emmanchements.

Tsinapa profite de leur confinement pour sculpter un fragment de défense de mammouth. Ao s'y essaye aussi mais finit par se lasser devant le piètre résultat de ses efforts. La plupart du temps, il préfère admirer les gestes magiques de son compagnon, fasciné de voir émerger peu à peu l'animal de la matière informe.

Ao a d'abord contemplé longuement avec un respect craintif le cheval que lui a donné Tsinapa avant d'oser le toucher. Depuis, il ne se lasse pas de le manipuler, convaincu de l'affinité qui en résulte avec ces petits animaux vifs et rapides, dont le spectacle des virevoltes dans la toundra l'a toujours captivé.

Tsinapa est bien un chaman de son peuple ! Le pouvoir de faire surgir du bois, de l'ivoire ou de l'os ceux qui vivent sur la terre n'appartient pas aux hommes ordinaires. Ao n'a jamais eu à regretter la compagnie de ce garçon patient et avisé, que rien ne parvient à décourager. Toujours disposé à répondre aux questions, il manifeste aussi beaucoup d'intérêt pour la manière d'agir et de penser de son compagnon.

Les deux hommes n'ont pas tardé à débusquer les animaux qui hivernaient dans les environs. Les rennes ou les chevaux, qui s'aventuraient jusqu'ici dans leur quête incessante de végétaux, évitent désormais de s'approcher de cet endroit où plusieurs d'entre eux ont été tués. Mais ils ne sont pas inquiets. Grâce aux grandes quantités de viande, de baies et de racines accumulées dans des trous creusés au pied des falaises avant les premières gelées, ils ont de quoi affronter les longues périodes de grand froid. De lourdes dalles en interdisent l'accès aux prédateurs affamés.

Ao et Tsinapa se sont découvert une voisine. Une femelle ours hiberne dans une grotte toute proche. En cas de nécessité, ils ont là une proie assez facile pour peu qu'ils prennent quelques précautions.

Le froid s'intensifie encore. Le vent lui-même semble s'être engourdi. C'est le cœur de l'hiver. Le silence et l'absence de mouvements semblent avoir suspendu l'écoulement du temps. Parfois un cri lointain retentit pour rappeler que la vie est toujours là, tapie sous la neige, dans le moindre abri.

Imperceptiblement, les journées s'allongent. Au plus haut de sa course, le soleil parvient à diffuser un peu de chaleur. Le vent a changé de direction. Il apporte de la neige avec lui. L'air est moins glacial. Les deux hommes peuvent désormais s'aventurer plus loin pour traquer les herbivores amaigris. Ils ont hâte de repartir. Dès les premiers signes annonciateurs du printemps, ils décident de se mettre en marche. La femelle ourse n'est pas encore sortie de son antre. Elle ne réagit pas à leur passage. Ils n'ont pas besoin de sa chair. Leurs réserves sont suffisantes pour plusieurs jours et ils ne souhaitent pas s'encombrer davantage. À la mi-journée, ils parviennent sur le plateau.

L'hiver règne encore sur ces hauteurs désolées que ni le vent ni la neige ne semblent pressés de déserter. Les premiers jours sont difficiles. Les deux hommes s'épuisent à marcher dans la neige humide qui colle à leurs bottes, alourdissant leurs pieds. Le vent souffle de face, comme s'il voulait leur barrer le passage.

Ao marche devant. À l'abri derrière lui, Tsinapa peut mettre ses pas dans ses traces. Courageusement, il passe devant de temps en temps pour permettre à son compagnon de souffler un peu.

Le jeune chaman compense sa moindre résistance par sa ténacité.

Ils avancent lentement, sans parler, réservant leurs forces à cette seule marche en avant. Ao se souvient de sa rencontre avec Aki dans un environnement comparable à celui-ci. Mais c'était au cœur de la belle saison.

Après les journées harassantes, ils affrontent aussi des nuits difficiles. Il n'y a rien pour les protéger, pas même un rocher. Afin de ne pas s'encombrer et ralentir leur progression, ils n'ont pas emporté les perches de bois qui auraient pu leur servir à ériger un abri. Ils se contentent, quand ils le peuvent, d'amasser des pierres et des blocs de neige pour élever un petit muret contre le vent, juste assez haut pour se blottir derrière. Malgré la fatigue accumulée au cours des longues marches dans la neige contre le vent glacial, ils dorment mal, recroquevillés l'un contre l'autre. Ils en viennent à regretter leur départ précipité.

Mais le soleil monte de plus en plus haut dans le ciel. Ses rayons finissent par repousser le froid. La neige fond. Le vent s'adoucit. Le sol se révèle moins boueux que dans la plaine, car l'eau s'infiltre à travers les failles qui sillonnent le socle calcaire. La roche nue, ou le sable, alterne avec des plaques d'herbe rase et de lichen. Les maigres buissons de genévriers, quelques silhouettes de pins aux formes torturées constituent l'unique relief de cette morne platitude. Désormais, chaque jour, ils parcourent des distances considérables. Le seul obstacle important est constitué par les gorges vertigineuses creusées par les cours d'eau. Il leur faut parfois une journée entière pour les traverser. Ces rivières encaissées sont généralement les seuls endroits où ils peuvent s'approvisionner en eau, car les sources sont rares à la surface.

Le plateau s'avère pourtant beaucoup moins hostile que ne l'avait laissé entendre le chaman du clan des montagnes, dont les chasseurs s'étaient sans doute bornés à explorer les franges. L'herbe rase, les lichens et le maigre feuillage des arbustes suffisent à contenter les bouquetins, les chamois et de petites hardes de chevaux et de rennes qui broutent tranquillement, hors de portée des prédateurs repérés de très loin à travers ces vastes espaces ouverts.

Peu à peu, des vallées plus larges, dans lesquelles coulent des rivières calmes et poissonneuses, succèdent aux gorges encaissées.

Bien que la marche y soit moins aisée que sur les hauteurs, ils prennent le parti de cheminer le long des cours d'eau, s'épargnant ainsi les allers-retours fastidieux par des voies abruptes pour se ravitailler en eau. Grâce à l'abondance de poisson, ils n'ont pas besoin de chasser.

Au fur et à mesure de leur progression, les plateaux s'élèvent. La végétation et les animaux désertent ces hauteurs désolées, balayées par le vent. Le climat y est comparable à celui qui règne au nord de la toundra. Mais le relief peu accidenté se prête à de longues journées de marche et les deux hommes avancent rapidement.

De l'autre côté s'étend une plaine vallonnée parcourue de rivières et d'étangs. Les deux hommes sont un peu désappointés. Malgré les distances fabuleuses qu'ils ont parcourues, le lieu où se couche le soleil leur paraît toujours aussi éloigné ! Ils prennent conscience de l'immensité du monde et de la rareté des êtres humains. Si le découragement s'empare parfois d'Ao, Tsinapa ne se départ pas de sa bonne humeur et de son inébranlable optimisme. Chaque région traversée est l'occasion de nouvelles découvertes, et il se passe rarement une journée qui ne lui procure un sujet pour s'enthousiasmer. Ni les contretemps ni les souffrances occasionnées par la fatigue et les privations ne parviennent à altérer sa curiosité.

La présence de nombreux cours d'eau et de marécages contraint les deux hommes à des contournements incessants. Mais ils continuent de progresser vers l'ouest. Des plantes et des arbres imposants, aux feuillages remarquables, ont peu à peu fait leur apparition sur les versants protégés et au fond des vallées peu profondes. Au sein des bosquets, noisetiers et sorbiers voisinent avec des ormes et des hêtres. Les ronces et les fraisiers tapissent le sous-bois, les framboisiers colonisent les trouées.

Ces derniers jours, à plusieurs reprises, ils ont relevé les traces d'un animal impressionnant. Plus gros que le bison ou le bœuf musqué, il fréquente les sous-bois clairsemés, seul ou par petits groupes. Ce matin, pour la première fois, ils ont affronté un jeune aurochs. Touché au flanc et à l'épaule, avec deux sagaies superficiellement fichées dans son cuir épais, le redoutable animal s'est retourné brusquement pour faire front. La rapidité de sa volte-face et la fureur de sa charge manquent de surprendre les deux chasseurs. Mugissant de colère, en quelques bonds étonnants d'agilité pour un animal aussi lourd, il se rue en direction de Tsinapa qui court à quelques pas derrière lui. Le jeune chaman n'aurait sans doute pu éviter les formidables cornes sans la vigilance de son compagnon. Prenant la bête à revers, Ao parvient à lui briser une patte avec sa massue. Emporté par son élan, l'animal vient finir sa course devant Tsinapa. D'un puissant coup d'épieu Ao achève de le clouer au sol. Tsinapa lui tranche la gorge avec son couteau, mettant fin à ses souffrances.

L'abondance de viande et sa saveur agréable les dédommagent de leur frayeur.

Ce soir, le temps est clair. Tsinapa désigne le massif de hautes collines derrière lequel le soleil se couche.

— Ces collines ressemblent aux endroits où vivent les êtres humains. Tsinapa croit que les hommes anciens sont là-bas.

Ao grogne pour manifester sa perplexité. Ce n'est pas la première fois qu'il entend ce genre de propos de la part de son compagnon. Mais Tsinapa affiche toujours la même conviction.

Ceux qu'ils rencontrent le lendemain ne sont toujours pas des anciens hommes. Ils sont nombreux et bruyants. Ao et Tsinapa les ont repérés depuis déjà un certain temps. La chasse a été bonne et ils avancent sur une seule ligne. Les hommes, comme les femmes, portent deux par deux des perches auxquelles sont liées par les pattes les carcasses pesantes de deux aurochs.

Tsinapa compte au moins trois mains d'hommes et de femmes. Ils prennent la précaution de repérer un itinéraire de fuite à travers le sous-bois et de dissimuler leurs armes avant de les aborder.

En les voyant, les hommes de tête poussent un cri de surprise et s'immobilisent. Ao et Tsinapa s'empressent d'exprimer leurs intentions pacifiques par gestes et paroles. Ceux qui suivent viennent peu à peu s'agglutiner autour des premiers. Ils s'interpellent dans une langue incompréhensible mais sans montrer d'inquiétude ou d'hostilité. Ils se débarrassent de leur chargement en palabrant de plus belle. Tsinapa se demande comment ils parviennent à se comprendre au milieu d'une telle cacophonie.

Il renonce provisoirement à se faire entendre.

Les deux voyageurs sont maintenant encerclés par des hommes et des femmes hilares. Bien que surpris par le couple insolite formé par les deux intrus, ils ne manifestent aucune agressivité envers Ao. Ils se comportent comme des enfants. Pourtant, leur allure est sans équivoque. Leur stature, leur assurance, la qualité de leurs armes, les vêtements et les riches parures qui ornent leurs corps révèlent leur appartenance à un clan puissant et ne laissent aucun doute sur leur aptitude à se faire respecter. Les queues de lion qui prolongent leurs chevelures témoignent de leur témérité. La plupart d'entre eux sont munis de boucliers en écorce. Le sort des deux hommes est entre leurs mains.

Les déhanchements et les gesticulations d'Ao déclenchent une vague d'hilarité. Cette manière de s'exprimer doit leur sembler cependant suffisamment éloquente puisqu'ils s'adressent à lui de la même façon. Leurs gestes sont simples et sans ambiguïté. Tsinapa comprend ce qu'il avait deviné. Leur camp est proche et ils doivent les y accompagner.

Les deux compagnons emboîtent docilement le pas aux chasseurs. Ils suivent un sentier à travers une petite forêt. Le camp apparaît bientôt au milieu d'une clairière, entre les deux bras d'une rivière. Le sol est détrempé mais les huttes sont bâties à l'abri de l'humidité, sur des amoncellements de pierres prélevées dans le cours d'eau. Plusieurs grands arbres feuillus au tronc lisse se dressent entre les huttes. Des enfants jouent dans l'eau de la rivière. Ils se portent au-devant d'eux et tournent autour d'Ao, enjoués et curieux.

L'un des chasseurs, un homme souriant, dont la chevelure est prolongée par trois queues de lion, interpelle un vieillard assis sous un arbre. Tsinapa n'a jamais vu d'homme aussi vieux. Son corps maigre et fripé semble prêt à se disloquer à chaque pas.

Tandis que le chasseur converse avec l'ancêtre vivant, Ao et Tsinapa ont le temps d'apprécier la belle apparence du camp. Les huttes sont hautes. Les peaux qui les recouvrent sont nombreuses. Une impression de prospérité émane de cette communauté.

Le chasseur jovial qui a conversé avec le vieillard essaye de communiquer avec eux. Tsinapa comprend qu'il s'étonne de leur association insolite. Il leur demande d'où ils viennent et s'enquiert de leur destination.

La présence d'Ao, si elle semble les étonner, ne suscite ni consternation ni hostilité. Tsinapa en conclut que ces gens ont déjà eu affaire aux anciens hommes ou au moins qu'ils en connaissent l'existence. Alors qu'il se demande comment il va bien pouvoir formuler sa réponse, le vieillard se tourne vers Ao et s'adresse à lui. Il arbore un visage sévère. Il s'exprime dans un charabia ponctué de grognements et de cris à l'appui de mimes plus ou moins suggestifs.

Ao croit deviner que le vieux lui demande pourquoi il est venu sur leur territoire. Il évoque aussi un cours d'eau et un clan d'hommes anciens en indiquant la direction du nord. Ao montre celle du soleil levant. Il essaye de faire comprendre au vieil homme qu'ils viennent tous les deux de très loin. Le vieux l'observe avec attention, sans intervenir. Encouragé, Ao poursuit ses explications. Il mime la disparition des siens, son errance dans la toundra, son alliance avec les hommes du lac. Enfin, il exprime son espoir de retrouver ses semblables. Il demande où se situe ce fleuve auquel le vieillard a fait allusion.

L'homme secoue la tête avec véhémence, puis s'adresse au chasseur aux trois queues de lion avec lequel il s'est déjà entretenu. Les autres membres du clan, venus se regrouper autour d'eux, en profitent pour commenter la discussion. Certains s'esclaffent, d'autres poussent des cris, s'excitant les uns les autres. Tsinapa a rarement eu affaire à des gens aussi démonstratifs. Bien que rassuré par le calme d'Ao, il reste vigilant, s'appliquant à déceler d'éventuels signes d'agressivité derrière cette exubérance. Il en profite pour détailler individuellement ces hommes et ces femmes.

Grands et robustes, la plupart d'entre eux portent des pagnes en peau noués autour de la taille, vêtements adaptés à la belle saison. Des plumes, des perles d'ivoire et des dents de différents animaux ornent leurs corps. Parmi elles, Ao croit reconnaître celles du lion dont les queues prolongent leurs chevelures, y compris de certaines des femmes. L'homme qui s'est adressé à Ao et Tsinapa est le seul à en arborer trois. La présence de ces prestigieux trophées suscite le respect des deux voyageurs. L'assemblage des peaux qui recouvrent leurs huttes ou constituent leurs vêtements est tellement bien réalisé qu'on le croirait d'une seule pièce. Les femmes sont plutôt fortes, avec de lourdes poitrines qui pendent sur leur ventre nu. Tsinapa est déconcerté par leur comportement. Elles affichent un aplomb peu commun et semblent jouir d'une grande autorité au sein de la communauté. Les hommes s'écartent sur leur passage et leur cèdent volontiers la place. À l'instar de certains hommes, plusieurs d'entre elles ont la poitrine, le visage et les cheveux peints avec différentes nuances de rouge. Ni amicales ni hostiles, elles sont les plus bruyantes et tardent à se taire lorsque le vieux réclame le silence.

Exaspéré, il roule des yeux courroucés sans toutefois s'en prendre directement à elles.

Il se gratte furieusement le sommet du crâne d'un air de profonde réflexion. Soudain, il se met à croasser comme une corneille en trépignant d'une jambe sur l'autre, manquant s'effondrer à chaque instant. Là-dessus, il se met à branler du chef en poussant des cris stridents, pour la plus grande joie des enfants qui n'hésitent pas à l'imiter sans que personne ne s'en offusque. Avec ses yeux révulsés et sa bouche baveuse au milieu de son visage ratatiné, il est impressionnant.

Le chasseur affublé des trois queues de lion leur montre le ciel du doigt en riant et les invite à patienter. Tsinapa se doute que le vieillard est parti à la rencontre d'un esprit. Le sang afflue sous sa peau qui rougit. Son torse décharné se soulève à un rythme élevé. Il vacille de plus en plus. Tsinapa croit qu'il va s'écrouler mais il conserve miraculeusement son équilibre. Il provoque un nuage de poussière et de cendre en piétinant les braises encore rougeoyantes du foyer, sans manifester le moindre signe de douleur. Puis il se couvre les yeux de ses mains osseuses, la plante de ses pieds encore fumante des cendres qui y sont restées collées. À l'évidence, ses simagrées ne suscitent pas une grande émotion parmi les habitants.

Il pousse encore quelques cris avant de reprendre une attitude normale. D'un air inspiré, il se lance dans un long monologue pour rendre compte de son entretien avec les esprits. Après quoi, il se dirige vers sa hutte.

Au moins, son discours ne semble pas avoir éveillé d'inquiétude ou d'hostilité à l'égard des deux visiteurs.

L'homme aux trois queues de lion leur indique que le chaman est parti se reposer. Il réfléchit quelques instants avant de solliciter leur attention. Il pointe le doigt sur eux puis indique la direction du nord. Avec les mains, il les pousse de ce côté-là. Il trace la courbe du soleil dans l'espace et écarte les doigts d'une main. Puis il montre une flaque d'eau en faisant un vaste cercle avec les bras.

Tsinapa comprend qu'ils devront marcher cinq jours vers le nord jusqu'à un lac. Il secoue la tête à la manière du vieux pour indiquer qu'il a compris, déclenchant l'hilarité de son interlocuteur.

Ao et Tsinapa rient aussi. Tout le monde rit.

Quand il a retrouvé son calme, le chasseur poursuit ses explications. Ils devront contourner le lac pour escalader une colline située de l'autre côté. Une fois parvenus au sommet, ils verront la rivière. Quand ils auront atteint ses berges, il leur suffira de suivre son cours jusqu'au territoire des anciens hommes.

Ao et Tsinapa sont invités à partager le repas du clan. Les deux aurochs ont été dépecés et d'énormes quartiers cuisent sur les feux. L'allégresse règne dans le camp. Les hommes et les femmes se gavent de viande. Les femmes sont très excitées.

Il fait chaud. Avec le crépuscule, les moustiques les harcèlent sans relâche.

Une jeune fille aux grosses fesses, entièrement nue, apporte aux deux hommes une coupe de bois remplie d'une décoction grasse et odorante. En riant, elle leur fait comprendre que cette mixture les protégera des piqûres des insectes pour la nuit. Devant l'hésitation des deux hommes, elle écarte sans façon le vêtement de Tsinapa et entreprend d'en enduire abondamment sa peau. Elle se trémousse et se frotte contre lui. Ses mains s'attardent sur le sexe du garçon.

Agglutinés autour d'un grand feu, les hommes et les femmes s'invectivent, rient et crient. Certains s'éloignent pour s'accoupler un peu à l'écart. Les plus jeunes imitent leurs aînés dans l'indifférence générale.

Tsinapa a compris les intentions de la jeune fille. Le vieux, qui a brusquement réapparu, sans doute alléché par l'odeur de la viande grillée, le pousse vers elle en ricanant. D'autres rient en faisant des gestes éloquents.

Tsinapa se décide à suivre la fille sous les encouragements de l'assistance. À peine s'est-il écarté de la zone éclairée par le feu que tout le monde se désintéresse de lui ! Aucune femme ne vient solliciter Ao. Sans lui montrer d'animosité, tous prennent soin de ne pas croiser son regard et gardent leurs distances avec lui.

Les hommes anciens sont respectés mais craints. Les deux populations s'évitent. Chacun se garde d'empiéter sur le territoire de l'autre. Ils chassent dans les vallées entre les collines peu élevées qui s'étendent au nord du territoire des hommes lions. Les rencontres sont rares, toujours fortuites, les échanges exceptionnels.

Quand le renne est sorti de terre, il a vu que le cheval était déjà là. Les hommes anciens sont apparentés à l'esprit du cheval. Chaque fois que les chasseurs tuent un cheval, ils prennent soin d'abandonner ses yeux et ses parties génitales pour ne pas contrarier les esprits des anciens hommes.

Ao s'assoupit dans le brouhaha. Tard dans la nuit, le retour de Tsinapa interrompt sa somnolence. Il semble ravi de son aventure. Plus tard, alors que le silence s'empare du camp, la fille aux grosses fesses, décidément insatiable, revient le relancer. Il ne se fait pas prier.

Ao est réveillé depuis longtemps quand son compagnon finit par surgir d'une tente, l'air hagard, provoquant les éclats de rire des quelques témoins.

Ao est prêt au départ. Une fois n'est pas coutume, il manifeste une certaine impatience :

— J'ai hâte de partir. Viens-tu ou non ?

Confus, Tsinapa se hâte.

— Allons-y.

Personne ne cherche à les retenir. En traversant le camp, ils s'arrêtent pour regarder un homme occupé à creuser dans des tronçons d'arbre. L'homme laisse Tsinapa l'observer mais s'irrite à l'approche d'Ao. Il se met à crier, attirant l'attention des autres. L'homme aux trois queues de lion leur fait signe de partir. Son visage est grave. Il ne rit plus.

XIX

Ao et Tsinapa pataugent dans la boue des marécages qui s'étendent à la périphérie du lac. Conformément aux indications des hommes lions, ils se dirigent vers la grande colline qui culmine au-dessus des sommets avoisinants. L'ascension de ce dôme dénudé ne présente aucune difficulté. Depuis cet endroit désertique et venteux, où même l'herbe ne parvient pas à pousser, la vue est exceptionnelle.

Le temps clair permet aux deux voyageurs de parcourir du regard un territoire immense. Ils prennent la mesure des étendues traversées depuis leur départ. Impressionnés, ils s'attardent à contempler le monde dont chacun de leurs pas repousse les limites vers d'autres horizons. Ils suivent des yeux le cours d'une rivière qui sinue entre les collines en direction d'une vaste plaine qui s'étend vers le nord. La forêt est cantonnée de part et d'autre de ses rives.

Deux petites éminences les séparent de ce cours d'eau qui doit les mener jusqu'au territoire des anciens hommes.

Ils y parviennent le soir même. L'eau est claire et peu profonde. À leur approche, une bande de canards s'égaille dans les airs. L'un d'entre eux tarde à réagir. La sagaie de Tsinapa le foudroie. Affamés, ils se repaissent de sa chair crue sans prendre le temps de faire du feu. Ils s'endorment rapidement dans la douceur de cette soirée d'été, trop fatigués pour assurer un tour de veille.

Le lendemain, ils se mettent en marche pour la dernière étape, celle qui doit les mener au terme de leur quête, à la rencontre des anciens hommes.

Tsinapa observe un changement d'attitude chez son compagnon. Ses traits crispés et ses grimaces reflètent sa nervosité. L'inquiétude s'insinue en lui à l'approche du but. Quel accueil vont lui réserver ceux qu'il considère comme les siens ? Pour la première fois, Ao s'interroge sur le lien qui l'unit aux hommes et aux femmes qu'il s'apprête à rencontrer. Depuis longtemps, les visages de ceux qui sont morts ont cessé de lui apparaître. Leur silence est une source d'incertitude supplémentaire. Ne devraient-ils pas se réjouir et lui signifier leur satisfaction ? Or, il n'en est rien.

Tsinapa a bien son idée sur la question, mais il ne veut pas perturber davantage son compagnon. Il préfère laisser Ao trouver lui-même les réponses à ses interrogations.

Plutôt que de se frayer un passage dans la végétation qui foisonne sur les berges de la rivière, ils choisissent d'avancer en marchant dans l'eau peu profonde, à proximité du rivage. Le fond sableux ne se dérobe pas sous leurs pieds.

Le troisième jour, la vallée s'encaisse. Le lit de la rivière se rétrécit. Une clameur humaine retentit, puis une autre. Les taillis de saules qui garnissent en rangs serrés les berges de la rivière les empêchent de distinguer les auteurs de ces cris. Ils continuent d'avancer avec précaution. Tapis derrière les buissons, ils reconstituent le drame qui s'est joué ici. Un rhinocéros à l'épaisse toison laineuse est affalé dans la boue à quelques pas du rivage. Son corps tressaille encore mais sa mort est imminente. Plusieurs sagaies sont fichées dans son poitrail. La grande corne de la bête est rouge de sang. Un homme gît à proximité, le ventre ouvert. Les clameurs sont poussées par trois autres chasseurs qui se lamentent en faisant cercle autour de lui. Ce sont des anciens hommes. La mort d'un être humain est un moment difficile. Ao et Tsinapa choisissent de rester à couvert pour observer la suite des événements.

Les trois survivants se désintéressent momentanément du mort.

Ils entreprennent le long et difficile dépeçage du rhinocéros. Ils se contentent de prélever les parties les plus charnues et les abats qu'ils emballent avec la dépouille en se servant des boyaux pour attacher le volumineux paquet le long d'une robuste perche. Puis ils s'approchent du mort et l'interpellent. Ils font des gestes, l'invitant à se lever et à les suivre. Mais l'homme ne bouge pas. Un chasseur entame un chant guttural. Un autre rassemble les débris de sagaies. Le troisième brandit un quartier de viande du rhinocéros. Ils déposent le tout sur la poitrine ensanglantée du mort avant de le recouvrir de pierres.

L'un d'eux soulève avec peine l'énorme tête cornue de l'animal qu'il s'était employé à séparer du tronc. La grande corne est plus longue que la jambe d'un homme. Les deux autres empoignent chacun une des extrémités de la perche et la hissent sur leur épaule.

Tsinapa et Ao ont suivi la scène avec beaucoup d'attention. Les trois chasseurs s'éloignent dans la direction opposée à la leur.

À l'initiative de Tsinapa, ils contournent le lieu du drame. Les intentions des morts ne sont pas connues. Il faut s'en méfier. Celui-ci peut vouloir emmener les deux hommes avec lui. La mort peut s'avérer contagieuse. L'esprit d'un homme tué par un animal aussi puissant qu'un rhinocéros est redoutable. Dépité, il est probable qu'il rôde autour de son corps. La présence de deux étrangers sur le territoire de son clan pourrait accroître son mécontentement. Tsinapa n'a aucune envie d'affronter la colère du défunt.

Prudents, ils gardent leurs distances, à couvert derrière les buissons.

Tsinapa est inquiet. L'homme tué par le rhinocéros est un chasseur. Sa mort est une grande perte pour les siens. En découvrant leur présence, les autres ne risquent-ils pas de leur en imputer la responsabilité ? Afin d'apaiser son esprit et le convaincre d'accepter son nouvel état, le chaman de ce clan pourrait réclamer leurs vies. L'homme lion avait évoqué le comportement belliqueux des anciens hommes envers les intrus. La grande vallée du fleuve gris est leur territoire depuis toujours, et les autres hommes ne s'y aventurent pas, préférant renoncer au gibier plutôt que de s'y risquer, soucieux d'éviter toute confrontation avec ces chasseurs redoutables.

Tsinapa a conscience qu'ils ne pouvaient pas choisir plus mauvais moment pour rencontrer les anciens hommes. Il fait part de son inquiétude à son compagnon. Ao lui confirme qu'il est animé des mêmes appréhensions.

Indécis, ils continuent pourtant à suivre les trois chasseurs en veillant à ne pas se faire repérer. Sous le poids de la viande du rhinocéros, ils marchent lentement et s'arrêtent de temps en temps pour se reposer. Tsinapa est impressionné par la force de ces hommes.

Ils poursuivent leur effort jusqu'à la fin du jour. La vallée s'encaisse à nouveau. Des parois rocheuses s'élèvent par intermittence le long de la rive opposée. Les chasseurs ralentissent l'allure. Le soleil a disparu derrière le versant ouest. Sans doute ne vont-ils pas tarder à s'arrêter pour bivouaquer.

Soudain Ao se rabat vers Tsinapa et le pousse dans les taillis. Simultanément, des cris retentissent. De l'autre côté du fleuve, malgré l'obscurité, des hommes ont repéré Ao. Grâce à la vivacité de sa réaction, ils n'ont peut-être pas vu Tsinapa, masqué par la végétation. Leurs cris ont attiré l'attention des trois chasseurs qui marchent devant eux. Ils se retournent.

Ceux qui ont donné l'alerte sont de très jeunes hommes, peut-être des enfants. Ils escaladent prestement plusieurs paliers qui les mènent jusqu'à un abri-sous-roche, à mi-falaise, où est installé le camp des anciens hommes. Un groupe de chasseurs se forme aussitôt. Cinq hommes dévalent la pente qui mène au bord de l'eau. Ils se jettent sans hésiter dans la rivière et nagent en direction des trois chasseurs qui se sont arrêtés pour les attendre. D'autres courent le long des rochers dans la direction d'Ao et de Tsinapa.

Pris au dépourvu par la rapidité de leur réaction, de plus en plus inquiet, Tsinapa rappelle son compagnon.

— Viens, Ao, il est encore temps de fuir. Je crois qu'ils vont nous tuer. Ils penseront que notre magie a provoqué la mort du chasseur ! Fuyons !

Ao hésite. Il ne craint pas pour sa vie. Les esprits l'ont conduit jusqu'ici. Mais il a peur pour son ami. Contrariés par la mort de l'un des leurs, il est possible qu'ils voient en lui le responsable et cherchent à le tuer.

Ils brandissent des sagaies et vocifèrent. Ils paraissent très en colère.

Tsinapa recule encore un peu derrière les buissons qui le dissimulent. Il se fait pressant.

— Il faut partir ! Bientôt, il sera trop tard !

Ao se refuse à fuir devant les anciens hommes qu'il a cherchés si longtemps. Mais il n'est plus temps de tergiverser.

— Va-t'en. Ils ne t'ont pas vu. Moi, je n'ai rien à redouter. Je suis l'un des leurs. Ils ne prendront pas ma vie. Retourne dans le clan des hommes lions. Attends-moi là-bas. Dès que l'occasion se présentera, je t'y retrouverai.

Tsinapa hésite encore un peu. Il répugne à abandonner son compagnon. Mais il ne veut pas perdre la vie. Ao se fâche. Il gronde et s'agite.

— Pars maintenant ! Ils arrivent !

Tsinapa se glisse en arrière à reculons. Moitié rampant, moitié courant, il se faufile à travers les taillis et gagne rapidement l'entrée du défilé. Il était temps. Ceux qui avaient longé le cours d'eau pour leur couper la retraite achèvent de traverser. Ao est pris au piège. Cette manœuvre d'encerclement exprime sans ambiguïté leur hostilité. Ils se comportent comme si Ao était une proie. Mais ils sont encore trop loin pour l'identifier comme étant l'un des leurs.

Et s'ils refusaient de voir en lui un ami ? Immobile, en proie au doute, Ao a beau invoquer les siens, nul ne vient lui dicter sa conduite. En prenant la fuite tout de suite, il aurait encore une chance de leur échapper en forçant le passage. L'assurance qu'il affichait quelques instants auparavant devant Tsinapa s'est évanouie. La peur s'insinue en lui. Il lutte contre l'envie de s'élancer sur les traces de son compagnon. Mais il est désormais trop tard.

Le cercle se resserre. Des exclamations étonnées fusent. Ao lit l'incrédulité dans le regard de l'homme qui lui fait face. L'un des chasseurs donne des instructions aux autres. Ils restent méfiants mais leur hostilité s'est muée en perplexité.

Tsinapa a eu raison de fuir. Ao en est persuadé, s'il était resté là, il serait peut-être déjà mort.

Ils s'approchent de lui et le détaillent longuement en s'apostrophant dans un langage différent du sien. Ils font peu de gestes.

Leurs armes ressemblent davantage à celles des hommes nouveaux qu'à celles façonnées par Ao et les chasseurs de son clan. Leurs vêtements sont simples mais bien ajustés. La plupart d'entre eux ont le torse nu. Ao repère les trois chasseurs de rhinocéros. Ce sont de très jeunes hommes. Leurs visages et leurs torses sont barbouillés du sang de la bête. Ils sont vêtus d'un simple pan de fourrure passé entre les jambes, maintenu autour de leur taille par un cordon noué sur le ventre. Ils froncent les sourcils et grognent quelques mots à l'intention d'Ao, immobile.

Comme celui-ci ne réagit pas à leurs injonctions, l'un d'eux s'empare de ses bolas et de son épieu dont il s'était prudemment délesté après avoir confié ses précieuses sagaies à Tsinapa. Un autre ramasse sa massue. Un troisième le pousse sans ménagement en direction du camp. Ao se met en marche, étroitement encadré.

À l'approche de l'endroit où ils ont traversé la rivière, ils contraignent Ao à s'avancer dans l'eau. Ils n'utilisent pas leurs armes mais leur attitude est suffisamment coercitive pour le convaincre d'obtempérer. Ao ne cherche pas à résister. Ils ignorent qu'il a traversé une partie du monde pour les rencontrer !

Docilement, il nage jusqu'à la rive opposée où plusieurs chasseurs l'attendent, prêts à se jeter à l'eau pour le rattraper si l'envie lui prenait de tenter de leur échapper par la rivière.

En prenant pied de l'autre côté, Ao réalise qu'il a atteint son objectif. Il essaye de convoquer les siens mais aucun de leurs visages ne lui apparaît. Tout en marchant, il les exhorte mentalement à se manifester, s'insurgeant contre leur manque de gratitude : « Qu'attendez-vous pour vous réjouir ? Ao a trouvé les anciens hommes pour vous ! »

Mais ils gardent obstinément le silence. À sa grande surprise, ce sont les visages d'Aki et du petit Aytamak qui surgissent. Derrière eux se dresse Awami, le visage souriant. Wagalik, Napali et Taâwik sont là aussi.

Mais Ao n'a pas le temps de s'appesantir sur le sens de cette vision. Il est maintenant à l'intérieur du camp des anciens hommes. C'est un autre chaman qui apparaît devant lui. À l'exception d'une poche qui couvre son sexe, l'homme ne porte aucun vêtement. Les poils de son visage, de ses épaules et de sa poitrine ont été rasés ou arrachés. Ni vieux ni jeune, il est plus grand que ses congénères. Son visage est peint en rouge. Ses longs cheveux sont séparés en trois mèches passées dans des anneaux en bois. Elles sont imprégnées d'une substance de couleur grise qui leur confère une certaine rigidité et l'apparence de cornes. Un imposant collier, où des dents de différents animaux s'intercalent entre des anneaux en ivoire, s'étale sur sa poitrine nue. L'homme semble ignorer Ao, maintenu à l'écart par deux chasseurs. La priorité est ailleurs. Manifestement préoccupé, il se dirige vers les trois chasseurs dont les visages sont recouverts de sang. Il s'adresse à eux avec autorité. Les intéressés s'empressent de lui répondre. Ao suppose qu'ils lui rendent compte du déroulement des faits qui ont conduit à la mort de l'un des leurs. Ils crient et indiquent à plusieurs reprises la direction où a eu lieu le drame.

Les autres chasseurs, silencieux, suivent la conversation. Avec les femmes et les enfants rassemblés derrière eux, ils occupent une grande partie de la surface du camp dont l'étendue est limitée par l'étroitesse de la plate-forme rocheuse. Le sol est sableux. L'habitat du clan est constitué d'une longue cloison adossée obliquement sur toute la longueur de la corniche. Ao relève qu'à l'instar des hommes du lac, la base de la structure est constituée de défenses de mammouth, animal redoutable, peu enclin à donner sa chair, si ce n'est, bien souvent, au prix d'une ou plusieurs vies humaines.

Les trois chasseurs ont cessé de vociférer. Le chaman entreprend d'essuyer le sang qui les macule avec une peau de lièvre. Puis il peigne méticuleusement leurs cheveux et examine les moindres recoins de leurs corps, comme pour s'assurer que l'esprit du défunt n'y est pas dissimulé. Les autres font cercle autour d'eux. Peut-être veulent-ils empêcher ce même esprit de s'échapper ?

Ils restent cependant à distance. Le chaman enduit les trois hommes de la même substance grise qui imprègne ses cheveux.

Ao suit les opérations d'un œil attentif.

Il se doute qu'elles sont liées à la mort du chasseur. Ces hommes ont été en contact avec le défunt.

Le chaman récite des incantations ponctuées par des grognements émis par ceux qui ont tué le rhinocéros, bientôt repris par l'ensemble de l'assistance. Les hommes et les femmes avancent et reculent en scandant leurs cris par des coups frappés par terre avec des bâtons qui font vibrer le sol autour d'eux.

Le chaman appelle une des femmes. Il lui parle et elle répond. À son tour, elle est badigeonnée de gris. Ao remarque que les autres membres du clan s'écartent désormais sur son passage. Une autre femme s'approche. Elle est très vieille et se déplace avec difficulté. Elle tient dans sa main un petit récipient en bois. Un silence respectueux accompagne ses pas. Le chaman s'adresse à elle avec respect. Elle trempe ses doigts dans le colorant rouge au creux du récipient et trace des traits sur le torse de l'homme. Très inspirée, elle gesticule en psalmodiant. Personne d'autre ne parle. Enfin, elle se redresse et recule d'un pas. Le chaman écarte les bras et marche vers l'extrémité de la plate-forme qui surplombe la rivière. Le cercle se défait autour de lui. Intrigué, Ao se rapproche un peu pour tenter d'apercevoir les ornements réalisés par la vieille femme. En reconnaissant la silhouette du rhinocéros, il laisse échapper un grognement impressionné. Il comprend la prudence manifestée par les hommes lions à l'égard de leurs voisins. Les anciens hommes qui vivent de ce côté du monde sont alliés à de puissants esprits et savent se faire entendre d'eux !

Campé sur son rocher, le chaman exhibe son torse peint face au soleil couchant. Sa haute stature et sa large carrure se découpent dans le crépuscule. Il prononce quelques mots d'une voix forte qui résonne dans la vallée. Avant de disparaître, le soleil empourpre la surface de la rivière. Tous observent le phénomène. Le chaman paraît satisfait. Certains crient en pointant le bras en direction de l'astre.

La cérémonie a duré longtemps. Nul ne se préoccupe d'Ao. Les feux sont ranimés. Personne ne touche à la chair du rhinocéros dont les quartiers ont été suspendus à des morceaux de bois coincés dans des fissures de la falaise. Le sang de l'animal achève de s'égoutter le long de la paroi. La viande mise à cuire est puisée dans les réserves. Son odeur atteste qu'il s'agit du produit d'une chasse plus ancienne. À la tombée de la nuit, la femme liée au défunt et les trois chasseurs impliqués dans sa mort vont se laver dans la rivière. Aucun d'entre eux ne mange. Ils s'installent dans une cavité située un peu à l'écart. Le chaman trace un léger sillon dans le sable pour marquer une frontière qu'ils ne franchiront plus.

Ao est troublé par le rituel compliqué auquel il vient d'assister. Si certaines intentions s'imposent à lui, d'autres lui échappent. Il se sent un intrus parmi ces hommes qui lui ressemblent. Ils n'ont pas besoin de lui. Leurs comportements rappellent davantage ceux des hommes du lac que ceux des membres de son clan. Ils occupent un vaste territoire que nul ne leur conteste. Ils sont respectés et craints des hommes nouveaux qui vivent dans les régions avoisinantes.

Un long moment s'écoule encore avant que le chaman ne daigne s'intéresser à lui. Escorté de plusieurs chasseurs d'âge mûr, il s'approche à pas mesurés. Les autres se pressent derrière eux. Le regard fasciné d'Ao, mêlé de crainte respectueuse, peine à se détacher du fabuleux rhinocéros qui galope sur la vaste poitrine de l'homme. Le chaman entreprend de l'inspecter. Ses yeux clairs dévisagent Ao sans animosité. Il commence par examiner l'épaisse fourrure blanche de l'ours. Les uns après les autres, les hommes et les femmes viennent la toucher en s'interpellant avec des exclamations de surprise et d'admiration. Tout en continuant d'observer Ao, le chaman fait circuler ses bolas et son épieu. Sous son masque de peinture rouge et son impassibilité apparente, Ao perçoit une certaine perplexité. L'excessive lenteur de ses gestes suggère qu'il veut se donner du temps pour réfléchir. Les regards des chasseurs qui l'entourent sont empreints de méfiance. Ils ne semblent pas convaincus d'avoir affaire à un des leurs. Il y a plusieurs clans d'anciens hommes qui chassent dans les vallées voisines. Mais Ao est différent. Il ne comprend pas leur langue. Ses armes sont grossières. Son arrivée coïncide avec la mort d'un chasseur, mais aussi avec la venue d'un rhinocéros, animal redoutable, habituellement cantonné plus au nord avec les mammouths. On sait que les esprits hostiles prennent parfois l'apparence d'animaux familiers, alors pourquoi pas d'un homme ?

Les incursions sur leurs territoires sont rares. Les hommes lions évitent de chasser dans les vallées occupées par les anciens hommes. Quand cela se produit, ils ne manquent pas d'abandonner sur place une part de leur butin. Si les intrus sont des chasseurs inconnus, il leur suffit le plus souvent de se montrer pour que les imprudents se hâtent de quitter les lieux. Mais s'ils refusent de s'en aller, les anciens hommes deviennent menaçants. Une seule fois, la rencontre s'est soldée par un sanglant affrontement. Deux des intrus ont été tués et les autres ont pris la fuite. Pour se préserver de la colère des défunts et les empêcher de nuire, le chaman a mangé leurs yeux et les chasseurs se sont partagé leur chair. Puis les squelettes ont été disloqués, éparpillés et livrés aux charognards.

Mais Ao n'est pas l'un d'eux. Il ressemble aux vrais hommes. Des chasseurs d'un clan apparenté avaient rencontré de petites bandes d'êtres humains qui prétendaient venir de l'endroit où se lève le soleil. Les paroles qui sortaient de leurs bouches étaient inconnues et ils gesticulaient beaucoup. Mais ils avaient l'apparence de vrais hommes. Ils utilisaient aussi ces pierres reliées par des lanières pour abattre les animaux à distance et des épieux aux pointes durcies par le feu. Le clan avait accueilli une de ces bandes et certains étaient restés. C'étaient de bons chasseurs. Sans doute celui-là est-il l'un d'entre eux.

Le chaman a suffisamment réfléchi. Il sollicite l'attention des autres et entreprend de commenter les signes.

Il dit que l'esprit du soleil était joyeux, ce qui est un très bon signe. Il dit que le fleuve s'est teinté de rouge comme le sang de la terre et que cela aussi est un très bon signe.

Il dit que le rhinocéros est un animal considérable, dont la présence, loin de son territoire habituel, situé plus au nord, est un événement exceptionnel, et que cet homme est intime avec son esprit. Aussi doit-il être accueilli et traité avec déférence.

Tous acceptent de se plier aux exigences formulées par le chaman. Les signes sont clairs.

Ao comprend qu'il peut rester. Il comprend aussi que l'esprit du rhinocéros est son allié, ce qu'il ignorait.

Les jours passent. Ao essaye de s'intégrer parmi ceux qu'il s'efforce de considérer comme les siens. Il découvre les nombreux rites qui accompagnent les moments importants de leur existence, mais aussi les événements les plus anodins de leur vie quotidienne. Il relève encore des similitudes entre leur comportement et celui des hommes nouveaux rencontrés au cours de ses pérégrinations.

Chacun fait preuve de patience à son égard lorsque, par ignorance, il enfreint certaines règles. Les contacts avec les clans d'hommes anciens qui chassent plus au nord sont assez fréquents. Les hommes retrouvent des membres de leurs familles. À cette occasion, des femmes racontent d'interminables histoires dont certaines sont très prisées. Ce sont surtout celles où sont mis en scène les animaux et les ancêtres, parfois les arbres ou des plantes plus modestes. Ao ne comprend pas grand-chose mais il rit avec les autres. Parfois, quelqu'un tente poliment de lui faire comprendre la cause de l'allégresse générale. Accompagnés des animaux qui ornent leurs corps, les hommes et les femmes dansent au rythme des percussions sur des troncs et des peaux tendues.

Les chasseurs sont très efficaces. Particulièrement endurants, ils apprécient les longues courses sur la piste des grands herbivores, dont ils connaissent parfaitement les mœurs et suivent les migrations saisonnières, s'aventurant loin vers le nord sur le territoire des mammouths. Opportunistes, ils ne craignent pas d'affronter l'un de ces pachydermes, isolé, lorsque les conditions leur semblent favorables. Ils reconnaissent une quantité impressionnante de plantes. Chacune d'entre elles possède un nom, au même titre que les animaux auxquels elles sont souvent associées. Les enfants sont très vite capables de les identifier.

Les berges de la rivière abritent de nombreux oiseaux migrateurs, faciles à débusquer. Les femmes excellent à les chasser et à s'emparer de leurs œufs. Occasionnellement, ils se font pêcheurs.

Une fois, à la périphérie de leur territoire, ils ont aperçu des hommes nouveaux. Ces derniers ont précipitamment changé de direction pour éviter une confrontation.

Ao essaye de s'initier à leurs techniques, parfois proches de celles des chasseurs du clan de Tsinapa, parfois différentes. Comme eux, ils utilisent de nombreux matériaux pour réaliser un outillage très diversifié, aussi bien la pierre que l'os, l'ivoire ou plus rarement le bois des cervidés. Les lames et les pointes à dos abattus qu'ils façonnent sont d'une qualité comparable à celles des hommes du lac. Solidement ligaturées avec des boyaux imbibés de sang et de résine, elles procurent des sagaies solides et efficaces qui n'ont pas non plus grand-chose à envier à celles réalisées par le vieux Taâwik et les chasseurs de son clan. Leur technique d'emmanchement diffère cependant de la leur. Les pointes ne sont pas fendues à la base mais arrondies et amincies par retouches successives de manière à pouvoir s'insérer dans les entailles pratiquées à l'extrémité des hampes. Ils savent aussi extraire de l'os des poinçons et de fines épingles polies aux usages multiples.

À la manière des hommes nouveaux, ils confectionnent des parures pour orner leurs corps et leurs vêtements qui révèlent leurs pouvoirs et leurs parentés spirituelles.

Les tâches quotidiennes sont moins nettement différenciées entre les deux sexes que chez ces derniers. Les femmes participent parfois à des chasses collectives. Les hommes, surtout les plus jeunes, collaborent au traitement des peaux mais jamais de celles destinées à l'habillement, principalement des peaux de rennes, qui sont l'apanage des femmes. Celles-ci fabriquent elles-mêmes les outils et les armes qu'elles utilisent. Le clan est constitué de plusieurs familles parmi lesquelles deux vieux très âgés, incapables de chasser. Ils participent à l'éducation des jeunes ainsi qu'à l'approvisionnement du clan en ramassant des baies, des champignons et des racines. Les différentes parties du gibier sont partagées entre les chasseurs selon des règles très précises où le rôle de chacun est pris en compte.

Pour devenir adultes, les jeunes doivent nager à contre-courant jusqu'à une île située au milieu de la rivière. Cette île est l'endroit où sont entreposés les ossements des défunts. Le corps nu, enduit de graisse, ils resteront là-bas pendant de nombreux jours sans aucune nourriture, frissonnant de froid jusqu'à ce que l'appel du chaman vienne mettre fin à leur épreuve. L'îlot est régulièrement submergé par les débordements de la rivière. La plupart des ossements sont emportés par les flots. Ce sont les morts qui partent pour le grand voyage vers le territoire des esprits auquel le fleuve doit les mener. Cet événement est le point de départ de nouvelles cérémonies. Nul ne s'approche du fleuve pendant toute la période de crue.

Ao constate que l'influence du chaman est considérable et que son rôle est comparable à celui de ses homologues qui officient chez les hommes nouveaux. Parmi les anciens hommes du clan d'Ao, il n'y avait pas de chaman.

Lorsqu'ils sont apaisés, les esprits des morts vont vivre sous la terre comme en sont convaincus les hommes longs auxquels ils ne reconnaissent pourtant qu'une lointaine parenté et un statut inférieur au leur. Ce n'est qu'à l'occasion de cérémonies particulières qu'ils reviennent visiter les vivants. Aussi Ao s'inquiète-t-il pour les âmes de ceux de son propre clan.

Une des femmes cherche à attirer son attention. Initiée depuis peu, elle n'a pas encore été réclamée par un chasseur. Mais elle ne l'intéresse pas.

La place qui lui est réservée dans la communauté est celle d'un jeune novice. Si le séjour sur l'île des morts lui a été épargné, il doit faire ses preuves à la chasse. Sa vigueur et son audace lui permettent cependant de gagner peu à peu l'estime de ses nouveaux compagnons.

Mais Ao est insatisfait. Ses rêves sont la plupart du temps incohérents. Il n'entend plus la voix des siens et cela fait longtemps que leurs visages ne lui sont plus apparus. Comment savoir si les morts ont été apaisés si leurs esprits gardent le silence ? Il devient morose.

Un matin, les anciens hommes constatent son départ. Personne n'en est véritablement affecté. La vie poursuit son cours.

XX

Ao fuit. Il a maintenant hâte de quitter le territoire des anciens hommes et de retrouver son compagnon. Il n'est resté que deux lunes parmi eux. Tsinapa l'aura peut-être attendu. Sinon, il se fait fort de le rattraper avant l'hiver.

Il court sans se retourner. Une certaine confusion règne dans son esprit. Il ne comprend pas bien les raisons qui l'ont conduit à ce départ précipité. Il n'a fait que céder à ce besoin irrésistible qui n'a cessé de grandir en lui, jour après jour.

Ce ne sont pas les anciens hommes qu'il craint, mais les puissances invisibles qui pourraient s'opposer à sa fuite. La peur qui l'habite n'est pas rationnelle. C'est de sa propre résolution dont il doute et n'ose encore se réjouir, trop heureux que ses jambes lui obéissent et qu'aucun obstacle infranchissable n'ait encore surgi pour le contraindre à rester à une place qui ne lui convient pas.

Mais rien ne se passe. Le camp est déjà loin derrière lui. Chaque nouvelle foulée contribue à dissiper son anxiété et à libérer cette sorte de joie qu'il ressent au fond de lui.

Il ne s'arrête que pour dormir un peu. En seulement deux jours, il atteint le pied de la grande colline.

Soudain, alors qu'il trottine vers le sommet en se faufilant entre des rochers, un hurlement retentit. Ao se fige, sur la défensive. Un homme jaillit à quelques pas devant lui. Ahuri, il reconnaît le visage hilare de Tsinapa. Les deux amis se ruent l'un vers l'autre, simulant un combat féroce. Ils roulent par terre en s'étreignant comme deux lionceaux. Tsinapa demande grâce en riant.

— Tu m'attendais ! s'exclame Ao, ravi. Je craignais que tu ne sois déjà parti et je courais pour te rattraper !

Tsinapa rit :

— J'étais décidé à t'attendre jusqu'au début de l'hiver. Je savais que tu passerais forcément par ici. Il y a des grottes de ce côté de la colline. Je me suis installé là. Ce matin, les oiseaux noirs m'ont prévenu de ton arrivée. Alors, je me suis caché ici pour guetter ton passage.

Le garçon poursuit sur un ton plus grave :

— Tsinapa est inquiet. Il a emprunté les ailes du corbeau pour voler jusqu'aux montagnes sacrées. Il a vu le grand loup gris, celui qui guide les morts, descendre vers la toundra.

Ao le regarde sans comprendre. Tsinapa explique :

— Lorsqu'un homme meurt, le chaman appelle l'esprit du loup pour qu'il guide son âme jusqu'au territoire des ancêtres. Sans lui, elle ne pourrait trouver le passage qui mène sous la terre.

Ao reste songeur un long moment. Il pense aux certitudes de ceux qu'il vient de quitter, contraint de constater une nouvelle fois des analogies avec celles de Tsinapa et des hommes du lac. Au fond de lui, il s'insurge contre ces croyances qui ne sont pas celles de son clan. Il refuse de se perdre dans une réalité qui n'est pas la sienne. Il dit ce qu'il sait :

— L'esprit du loup est un esprit très puissant. Les loups sont venus sur la terre avant les hommes. Ce sont eux qui ont appris aux êtres humains à chasser ensemble. Mais les esprits n'habitent pas sous la terre. Grâce au souffle du vent, ils parcourent librement la surface du monde. Avec la mort ou en rêve, ils s'échappent des corps. Certains voyagent longtemps avec le vent et connaissent les réponses aux questions des hommes. Voilà ce que savent les anciens hommes du clan d'Ao.

Tsinapa est surpris par l'âpreté de sa voix mais il écoute avec une grande attention. Encouragé par l'intérêt de son compagnon, Ao poursuit :

— Avant, il faisait nuit. Le vent a soufflé sur l'épais brouillard qui empêchait le soleil d'éclairer la terre. Alors l'herbe et les autres plantes sont sorties du sol. Une partie de leur corps est restée sous la terre pour éviter qu'elles ne s'envolent. Le bison, le cheval et le renne ont mangé l'herbe et les feuilles. Ils ont donné naissance aux nombreuses espèces qui se nourrissent de plantes. Celles-ci sont devenues de plus en plus rares. Le vent était furieux car il aimait jouer avec l'herbe et les feuilles. Alors, il s'est fâché. Il a soufflé si fort que des plantes ont été arrachées au sol et sont devenues les oiseaux qui volent dans le ciel. Le loup est né de l'union entre le corbeau et l'herbe de la toundra. Les loups ont chassé les animaux qui mangeaient l'herbe et les feuilles. Les animaux et les plantes se sont mariés entre eux. Ainsi se sont multipliées les formes de vie qui peuplent la terre. Les hommes eux-mêmes sont les descendants du loup et du bouleau. Tous les habitants de la terre appartiennent à la même famille. Les animaux et les plantes consentent à être mangés quand ils ont la certitude de pouvoir trouver un nouveau corps. C'est pourquoi les chasseurs doivent s'assurer de la présence de leurs semblables en nombre suffisant pour qu'ils puissent se réincarner. Lorsque les miens tuaient les hommes nouveaux, ils prenaient soin de mettre un caillou dans leur bouche. Ainsi, leurs esprits restaient prisonniers.

C'est la première fois qu'Ao s'exprime aussi longuement sur les croyances de son peuple. Tsinapa perçoit la frustration de son ami. Son départ précipité du camp des anciens hommes atteste que son bref séjour parmi eux ne lui a pas donné satisfaction. Il comprend son amertume. Il se doute que ces hommes sont très différents de ceux parmi lesquels il a grandi. Ceux-là n'ont sans doute des anciens hommes que l'apparence. Il comprend aussi que les véritables anciens hommes étaient tous des chamans, car chacun d'entre eux était capable d'entrer en contact avec les puissances invisibles. Les êtres humains sont divers. Chaque clan entend sa part de la parole des esprits. Maintenant Tsinapa sait que l'esprit du loup gris traverse le ciel, porté par le vent qui est le souffle de la terre. Il sait aussi que certains esprits parcourent inlassablement la toundra aux côtés des vivants. Il se surprend à tendre l'oreille pour capter le message du vent. Il se réjouit de le sentir sur son visage et de le voir courir librement dans l'herbe.

Aiguillonnés par les funestes visions de Tsinapa, les deux hommes ont poursuivi leur marche forcée après les premières neiges. Ils parviennent au pied des hauts plateaux mais doivent se résigner à s'arrêter. Le climat polaire qui sévit sur ces hauteurs désertiques ne permet pas de s'y aventurer pendant la mauvaise saison. Les animaux se terrent dans les fonds de vallée. Les sommets aplatis n'appartiennent qu'au vent. Tsinapa imagine les esprits danser en sa compagnie sur les vastes étendues glacées.

Les deux hommes s'apprêtent à vivre des moments difficiles. Ils ont marché longtemps. Leurs réserves sont inexistantes. Ils devront chasser pendant l'hiver, comme des loups.

Amaigris et affaiblis, ils parviennent au seuil du printemps. Une tempête de neige fait rage depuis plusieurs jours, comme souvent en cette saison.

La faim les tenaille. Ils n'ont rien mangé depuis de nombreux jours. Bientôt Tsinapa n'a même plus la force de se lever pour alimenter le feu. Les grognements d'Ao le sortent de sa torpeur. Il voit ses yeux briller dans la pénombre de la grotte où ils se terrent. L'homme s'efforce de se vêtir correctement pour affronter le froid et le vent.

Ao sait qu'il n'a pas le choix. S'il attend encore davantage, ils mourront ; Tsinapa le premier. Celui-ci se redresse péniblement sur sa couche. D'un geste las, Ao lui intime de rester à sa place. La présence de son compagnon épuisé ne pourrait que le gêner. Tsinapa obéit sans un mot. Ao lui-même ne se mobilise qu'au prix d'un effort violent. Il confie leur sort à la volonté des esprits. S'il revient bredouille, ce sera pour mourir aux côtés de son ami.

Les flocons lui fouettent le visage. Dès les premières foulées, il épuise ses dernières forces pour s'extraire de la neige qui s'est accumulée pendant plusieurs jours. Pris de vertige, il tombe à genoux, le souffle court.

Il ferme les paupières pour se protéger des rafales de vent et de neige. Des images se pressent devant ses yeux. Il est entouré d'hommes et de femmes. Il les reconnaît. Ceux de son ancien clan côtoient les hommes et les femmes du clan de Tsinapa. Tous l'exhortent à continuer. Ao trouve la force de se relever. Il marche au milieu d'eux. Devant, la neige est tassée. Il a rejoint la piste d'un mégacéros poursuivi par une meute de loups. Maintenant, Ao avance beaucoup plus facilement.

À travers le rideau de flocons, il les voit. La neige est rougie par le sang du vieux mâle. Avec deux loups accrochés à ses flancs, il continue d'avancer, obéissant au puissant instinct de survie qui lui a permis de traverser tant de saisons. Un troisième loup lui sectionne un jarret. Il s'écroule enfin.

Les loups ont flairé l'odeur de l'homme. Plus encore que l'ours et le lion, ils le craignent. Ils reculent pour se regrouper à quelques pas. La meute s'est séparée pour augmenter les chances de trouver de la nourriture. Ils ne sont pas nombreux mais l'homme est seul. S'encourageant les uns les autres, ils grondent férocement, décidés à se battre plutôt que d'abandonner la proie qu'ils pourchassent depuis l'aube. Ao hurle lui aussi. Il supplie l'esprit du loup de lui laisser prélever une part pour lui et son compagnon. Le plus grand d'entre eux, une bête redoutable, capable de tenir tête à un lynx, s'enhardit.

Les babines retroussées sur ses crocs acérés, ses yeux jaunes fixés sur l'homme, il s'avance lentement, aplati dans la neige. Les autres ont déjà encerclé le chasseur. Tout en gardant un œil sur le grand loup, Ao a repéré le plus jeune de la meute. Impatient, moins expérimenté que les autres, il s'est approché sur sa droite. Frémissant, il attend que son chef donne le signal de l'assaut. Toujours hurlant, Ao se tourne brusquement vers lui. L'animal a un instant d'hésitation qui lui est fatal. D'un geste vif, Ao enfonce la pointe de son épieu dans sa gueule béante. Il reprend aussitôt sa position, face à celui qui conduit la meute. Vociférant de plus belle, il frappe le sol autour de lui avec sa massue. Les loups refluent de quelques pas, libérant un passage. Ao en profite pour bondir vers la carcasse du mégacéros. Les redoutables carnassiers se désintéressent momentanément de lui. D'un même élan furieux, ils se sont jetés sur leur congénère abattu. Ao sait qu'il dispose de peu de temps. Affamés comme ils le sont, les loups en auront vite fini avec le maigre animal.

Aussi vite que ses doigts engourdis le lui permettent, il taille avec son couteau dans la chair encore palpitante du grand cerf. À côté, le carnage touche déjà à sa fin. Deux loups se disputent les derniers lambeaux. Ao jette sur son épaule une partie de l'arrière-train qu'il a réussi à séparer du reste du corps. Le grand loup l'observe en silence, immobile. Ao recule pas à pas. Il garde ses yeux rivés sur ceux du prédateur. Il prononce les paroles rituelles du chasseur qui remercie ceux qui lui permettront de survivre.

Le loup soutient son regard. Le dangereux bipède bat en retraite. La viande est à eux. Avec un grognement satisfait, il se rabat sur la carcasse du cerf.

Malgré sa faim, Ao prend le temps de rallumer le feu. À deux reprises, les minuscules braises s'éteignent, le contraignant à recommencer. Tsinapa n'a pas bougé au retour de son compagnon mais Ao entend sa respiration. Il le secoue doucement. Il ouvre les yeux. Un sourire fatigué apparaît sur ses traits.

— Tsinapa savait qu'Ao reviendrait car l'esprit du loup le protège, exhale-t-il dans un souffle.

Les jours suivants, Ao reprend rapidement des forces. La quantité de viande prélevée sur la bête est suffisante pour leur permettre de tenir jusqu'à la fin de la tempête. Tsinapa met plus de temps à récupérer. Cette épreuve les a encore rapprochés.

Le soleil surgit entre les nuages. Un vent léger achève de nettoyer le ciel. La neige fond une nouvelle fois. Les rennes s'aventurent hors des sous-bois où ils s'étaient réfugiés. Les deux hommes sont impatients de repartir. Ao relève les traces de quelques chevaux qui se dirigent vers les pentes les moins exposées du massif, là où l'herbe parvient à pousser, sans doute des éclaireurs partis en reconnaissance. C'est le signal de départ qu'ils attendaient.

Ils marchent vite, ne s'arrêtant que pour se procurer de la nourriture au gré des opportunités, se contentant parfois pendant plusieurs jours des baies ou des plantes trouvées en chemin, poussés par l'obsession de réussir à atteindre le glacier avant la fin de l'été.

Ils parviennent même à prendre un peu d'avance.

Depuis le sommet de la montagne, ils contemplent le lac avec émotion. Sans attendre, ils s'engagent avec précaution sur la surface gelée. Le monstre de glace les accueille par des sifflements auxquels ils répondent par des cris joyeux. Chaque soir, perchés sur un rocher, ils scrutent la toundra dans l'espoir d'apercevoir l'éclat d'un feu. Mais en vain.

Tsinapa est partagé entre joie et appréhension. Ses craintes ne l'ont pas quitté. Parvenus sur les berges du lac, ils se hâtent dans l'espoir de devancer la nuit. Le contournement du vaste plan d'eau prend une journée de marche et le soleil est déjà levé depuis longtemps. Une pluie fine s'est mise à tomber. À la mi-journée, convaincus d'avoir parcouru plus de la moitié du chemin, ils accélèrent le pas.

Soudain, Ao attrape Tsinapa par le bras et lui fait signe d'écouter. Tsinapa tend l'oreille. Des éclats de voix lointains leur parviennent. Bien qu'ils soient désormais sur le territoire du clan, les visions funestes de Tsinapa les incitent à la prudence. Avec précaution, ils s'écartent des berges du lac et se faufilent entre les taillis en direction des voix. Au sortir d'un virage, ils aperçoivent deux silhouettes qui avancent d'un pas vif. Ils reconnaissent Oummaï et Awami. En entendant leurs cris, les deux hommes se retournent. Incrédules, ils regardent les deux compères, hilares, courir dans leur direction.

— Tsinapa ! Ao ! C'est vous… Comment est-ce possible ? balbutie Awami, abasourdi.

Les mains se touchent. Les visages s'éclairent. Les quatre compagnons se congratulent. Oummaï ne cache pas non plus sa joie.

Tsinapa rassure ses compagnons :

— C'est bien nous. Nous avons retrouvé les anciens hommes. Mais j'ai relevé les signes. L'oiseau noir est venu me chercher et j'ai vu le grand loup gris descendre vers le lac. Alors, nous avons marché vite.

La joie s'efface du regard d'Oummaï.

— Les signes n'ont pas trompé Tsinapa. La mort rôde autour du clan. Le sang des hommes a coulé.

— Que s'est-il passé ?

Oummaï leur rend compte brièvement des événements survenus en leur absence.

— Après votre départ, les esprits ont continué à nous être favorables. Le gibier était abondant. Nous n'avons pas vu les hommes oiseaux et nous avons pensé que ceux du fleuve les avaient chassés. Mais à la fin de l'été, Owok est revenu. De ceux qui les avaient combattus, il était le seul survivant. Kwaâ n'avait pas écouté les mises en garde de ses aînés qui avaient déjà eu affaire à ces chasseurs belliqueux. Les hommes oiseaux ont pris sa vie et celles de ses compagnons. Owok a dit ceci : ce sont des tueurs d'hommes. Lorsqu'ils attaquent, au milieu de la nuit ou au détour d'un sentier, les chasseurs les plus valeureux sont saisis d'effroi et leurs bras deviennent faibles. Chaque homme tué augmente leur pouvoir et leurs esprits ne sont jamais rassasiés. Owok a demandé notre aide. Ses paroles ont semé la consternation et la colère parmi les nôtres. Wagalik a dit que le moment était venu de les affronter. Napali a rappelé que la sagaie d'Oummaï avait pris la vie d'un homme oiseau. Il nous a demandé de choisir cinq chasseurs et de les mener au combat. En nous voyant arriver, les hommes du fleuve ont repris courage. Pendant près d'une lune nous avons cherché les traces des hommes oiseaux. Mais nous ne les avons pas trouvés. Ils s'étaient volatilisés. Alors, les chasseurs ont regagné leurs clans respectifs. L'hiver a passé. La belle saison était déjà très avancée lorsque nous avons appris le retour des hommes oiseaux. Nos parents du fleuve ont à nouveau subi leur fureur. De nombreux chasseurs sont tombés dans leurs embuscades. Nous avons accueilli les survivants. Parmi eux, il y avait surtout des femmes, des enfants et des vieux. Nous avons longtemps marché dans la toundra sur les traces du gibier. Mais le grand gel est venu plus tôt que d'habitude. Les réserves de nourriture n'ont pas tardé à manquer. Des vieux sont restés en arrière et ceux qui sont nés à la fin de l'été sont repartis d'où ils venaient. L'hiver a été très long. Dès les premiers signes du printemps, le clan est reparti sur la piste des troupeaux. Un matin, Awami a relevé les traces des hommes oiseaux. Ils étaient revenus. Il y a moins d'une lune, ils ont attaqué le camp. Mais Wagalik, Oummaï et plusieurs chasseurs étaient restés en arrière avec les femmes, les enfants et les vieux. Napali était là aussi. À l'exception des plus jeunes, tous ont participé au combat. Les hommes oiseaux étaient enragés. Mais les nôtres se sont défendus vaillamment. Les vieux, les femmes et les enfants se sont battus comme des loups. Quand le vieux Taâwik,

Waka, Tzaâ et Wagalik sont tombés sous leurs coups, Napali a encouragé les autres à ne pas céder à la peur. Les bras des femmes n'ont pas tremblé. Napali a dit que l'esprit du grand loup gris habitait Aki et qu'il a lu la peur dans les yeux des hommes oiseaux. Sans elle, sans les autres femmes, les hommes oiseaux auraient sans doute fini par avoir le dessus. Taâwik, Tzaâ, Waka et la vieille Kia sont morts, Wagalik a été grièvement blessé. Il a perdu l'usage de ses jambes. Il est encore en vie mais son esprit est sur le point de s'en aller. La moitié des hommes oiseaux ont été tués sans compter les blessés dont certains n'ont peut-être pas survécu. Nous sommes à leur recherche. Avec les blessés, ils n'ont pas pu aller loin. Nous les retrouverons. Aucun ne doit quitter nos territoires vivants. Napali l'a dit. Alors seulement, les esprits seront apaisés.

Les visages d'Ao et de Tsinapa se sont assombris. Ao a compris que le vieux Taâwik ne parlerait plus avec la pierre et il s'en désole. Mais Aki est en vie. Il pose un regard reconnaissant sur Awami, debout face à lui, silencieux, presque intimidé. Le jeune chasseur a tenu sa promesse. Ao pose sa main sur la tête de son ami.

* * *

Les hommes oiseaux sont enragés, surtout le géant dont l'autorité a été sérieusement ébranlée. Les choses ne se sont pas passées comme elles auraient dû. Les hommes qui s'étaient dressés devant eux avaient combattu avec courage. Lorsque le vieux chef était tombé, après avoir tué l'un de ses meilleurs hommes, les autres n'avaient pas renoncé à se battre. Le géant grimace en revivant la suite de l'affrontement. Il se souvient du chaman qui exhortait les siens sans relâche. Les sagaies le frôlaient mais aucune ne semblait pouvoir l'atteindre ! Il revoit cet autre vieillard qui leur a donné tant de mal ! Laissé pour mort, percé de deux sagaies, il a encore trouvé la force de trancher la gorge d'un homme ! Mais c'est quand il pense à cette femelle que sa haine atteint son paroxysme ! Lorsqu'il l'a reconnue aux côtés du chaman, il n'a pas cru ce que voyaient ses yeux ! Par quelle magie pouvait-elle se trouver là après sa mystérieuse disparition le jour où l'homme ours avait surgi dans le camp ? Il avait vu le doute et la peur s'insinuer dans les yeux de ses compagnons. Lui-même avait senti sa détermination s'ébranler. La sagaie de la femme s'était fichée dans la poitrine de l'homme à ses côtés. Encouragés, les autres avaient redoublé d'ardeur. Les vieux, les enfants, les femmes, tous ceux qui pouvaient tenir debout se dressaient face à eux. Les pierres pleuvaient de toute part. Alors, hurlant de rage et de dépit, ils s'étaient retirés avec les blessés et les morts.

Les deux blessés n'ont pas survécu. Maintenant, ils ne sont plus que quatre. Ses trois compagnons gardent le silence. Il a perdu leur confiance. La peur s'est insinuée en eux et ne les a plus quittés. Ils ont hâte de s'en aller mais le géant tarde à se décider. La perspective de revenir parmi les siens après l'humiliation infligée par ces chasseurs et leurs femelles lui est insupportable. La fureur lui brouille l'entendement. Les scènes du combat perdu défilent inlassablement dans sa tête.

Les quatre hommes ne savent pas qu'ils sont désormais le gibier.

* * *

Pendant plusieurs jours, Ao, Tsinapa, Awami et Oummaï sillonnent méthodiquement la toundra. Un matin, ils découvrent les cendres encore chaudes de leur dernier foyer. La nuit suivante, depuis le sommet d'une colline, ils aperçoivent la lueur de leur feu, au milieu d'un bosquet.

Ils attendent le cœur de la nuit. Le ciel est couvert. Il fait noir. Au signal d'Ao, ils s'approchent en rampant du bivouac des hommes oiseaux. L'endroit est propice à une attaque, car ils peuvent s'avancer jusqu'à eux sous le couvert des arbustes qui entourent la petite clairière où ils se sont installés. La surprise sera totale. Convaincus que les hommes du lac craignent les ténèbres, ils ne s'attendent probablement pas à être attaqués.

Ao est tellement près qu'il entend leur respiration régulière.

Allongé un peu à l'écart, l'un des dormeurs paraît plus grand que les autres. Dans sa bouche entrouverte, Ao relève qu'il lui manque plusieurs dents. Même s'il ne porte plus de plumes, il reconnaît le chef du clan des hommes oiseaux. À l'avant, un des hommes, adossé à un arbre, censé assurer un tour de veille, lutte contre le sommeil. Il fait face à Tsinapa. Il sera le premier à mourir.

Projetée d'une main ferme presque à bout portant, la sagaie transperce sa poitrine et le cloue à l'arbre au moment où il ouvre les yeux. Réveillés en sursaut, les trois autres tardent à réagir. Les massues d'Oummaï et d'Awami s'abattent sur leurs crânes à coups redoublés avant qu'ils aient pu s'extraire de leurs couvertures. Seul le géant, installé un peu en retrait, a pu se dégager assez vite. Il jauge rapidement la situation. Ses armes sont hors de portée. Il choisit la fuite. Ao se lance à sa poursuite. Pour aller plus vite, il ne s'encombre pas de ses armes. Le géant est rapide. Il parvient à prendre un peu d'avance. Il se dirige vers le fleuve.

Ao maintient son allure. Il sait qu'il peut courir très longtemps à ce rythme. Le fuyard jette un coup d'œil derrière son épaule. Il voit que seul un homme le poursuit. Il ne semble pas armé. Les trois autres sont loin derrière, assez pour qu'il en finisse avec celui-là avant d'être rejoint. Il fait brusquement volte-face. Sûr de sa force, il ricane. Aucun homme ne peut le vaincre.

Ao continue à courir au même rythme dans sa direction. Étonné, le géant écarquille les yeux pour distinguer celui qui ne craint pas de l'affronter seul et sans armes. Ce n'est qu'au dernier moment qu'il reconnaît l'homme ours.

Passé les premiers instants de stupeur, il hurle de rage et se précipite à sa rencontre. Les deux hommes se percutent avec une violence inouïe. Ils chancellent. Ao se ressaisit le premier. Il passe ses mains sous les bras de son adversaire et les referme derrière son cou. L'homme sent le genou de son adversaire creuser son dos et sa nuque ployer sous la poussée irrésistible de ses mains. Une peur atroce l'étreint. Il réalise qu'il n'est pas le plus fort et qu'il va mourir. Il geint doucement, incapable de résister à la terrible pression qui s'exerce inexorablement sur sa nuque. Dans un craquement sec, elle se rompt.

Tsinapa a rejoint son ami. Devançant Ao, il ramasse une pierre et la glisse dans la bouche ouverte du mort.

XXI

Depuis deux jours, les quatre hommes marchent sur les pas du clan. Pressés de le rattraper, ils sont partis tôt ce matin. Ao, le premier, aperçoit les huttes se découper dans la toundra. Ils se hâtent. Là-bas, Owok et les chasseurs s'apprêtent à partir sur la piste des bisons dont ils suivent les traces depuis plusieurs jours. Le vent souffle dans la direction des quatre hommes. Un cri leur parvient, puis un autre. Les guetteurs les ont repérés.

Aussitôt, un groupe de chasseurs mené par Owok se précipite à leur rencontre. En découvrant Ao et Tsinapa, ils manifestent vivement leur surprise et leur joie. Les exclamations fusent. Tous se réjouissent du retour des deux hommes. Seul Owok ne participe pas à cette allégresse. Troublé, il ne sait quelle contenance adopter et regarde Ao d'un air gêné. Les autres chasseurs s'enquièrent du résultat de leur quête.

Tsinapa prend la parole. Il parle d'une voix forte pour couvrir les cris de ceux qui les rejoignent à leur tour :

— Les hommes oiseaux ont cessé de nuire. Ao a pris la vie du géant et Tsinapa a mis une pierre dans sa bouche afin que son esprit reste prisonnier dans son corps à jamais. Tsinapa veut voir son père maintenant.

Owok adresse un regard respectueux à Ao, qui reste silencieux, comme il en a l'habitude dans ce genre de situation. Escortés d'une grande partie du clan, ils se dirigent vers la hutte où gît le vieux chef.

Ao s'est laissé un peu distancer. Son regard parcourt le camp. Soudain, il la voit. Elle aussi l'a vu et marche vers lui. Elle tient un bébé dans ses bras. Un petit garçon trottine sur ses pas, aussi vite qu'il le peut, en essayant de ne pas se laisser distancer. Le cœur d'Ao bat furieusement dans sa poitrine.

Ao et Aki se font face. Aucune parole ne sort de leurs bouches. Les yeux de la jeune femme brillent d'une joie intense. Ao ne se lasse pas de contempler ce visage dont la vue le réjouit. À ses côtés, le petit Aytamak se tient sagement immobile, un peu intimidé. Il a reconnu l'homme dont sa mère lui parle chaque jour. Il garde un vague souvenir de son visage singulier, de son odeur, de leurs jeux. Le regard d'Ao glisse vers l'enfant endormi dans les bras de sa mère. C'est un garçon né au début de la belle saison précédente. Son visage est plat mais ses yeux sont profondément enfoncés dans leurs orbites et sa peau est plus claire que celle de sa mère.

Aki tend le petit vers Ao.

— Celui-là a la force de son père ! dit-elle en riant.

Ao grogne de satisfaction en saisissant l'enfant.

Il caresse la tête d'Aytamak, venu s'agripper à sa jambe.

— Ao est de retour, dit-il simplement.

Ensemble, ils rejoignent les autres, massés autour de Wagalik.

Napali salue Ao. Un grand sourire éclaire son visage parcheminé.

Averti de l'arrivée des deux hommes, le chaman s'est rendu auprès du vieux chef agonisant pour lui annoncer la nouvelle tant espérée, celle qui retient son âme dans son corps torturé. Tsinapa reconnaît à peine, en cet homme, son père, le puissant chasseur qui a guidé si longtemps les siens. Une longue entaille, mal cicatrisée, balafre le visage émacié jusqu'au sommet du crâne. La peau du visage est jaune. On perçoit à peine une lueur de vie derrière les yeux voilés. L'homme est déjà dans l'entre-deux-mondes. Il ne semble pas voir les deux hommes qui lui font face. Pourtant, sa bouche s'entrouvre pour dire quelques mots :

— Wagalik peut partir. Son esprit est content.

Il n'ajoute plus rien.

Tsinapa s'adresse à Napali.

— Tsinapa avait vu descendre le grand loup gris. Nous avons marché vite.

Napali acquiesce.

— Napali attendait votre retour. Les esprits l'avaient prévenu.

Il s'adresse à Ao.

— Tu es revenu !

Ao acquiesce.

— Oui. Ao est de retour parmi les siens. Les autres n'ont pas besoin de lui.

Napali n'ajoute rien. Il se contente de poser sa main sur son épaule. Aki et Aytamak se pressent contre Ao. L'homme ancien a les yeux perdus dans le vague. Il les voit. Ils sont tous là, son père Ayao, le vieil Ao-Taârh et les autres. Ils défilent sous ses yeux. Ils sont contents et rient.

NOTE CONCERNANT L'OURS BLANC

Certains lecteurs pourraient s'étonner de la présence d'un ours blanc dans un roman préhistorique. Je tenais à les rassurer : non, l'ours blanc ne côtoyait pas l'homme de Neandertal ni aucun des hommes de cette époque ! L'absence de restes d'ours blancs dans les foyers humains de ce temps-là n'est cependant pas un argument pour nier l'existence de cet animal dont l'apparition remonte à environ cent cinquante mille ans, date approximative de sa divergence avec le grizzly, auquel il est apparenté.

Il y a trente mille ans, au moment où se situe le roman, le niveau des mers est plus bas et la zone arctique beaucoup plus étendue qu'aujourd'hui. La région actuellement occupée par la mer Baltique fait partie de la calotte glaciaire scandinave et constitue un milieu comparable à celui où vivent toujours ces animaux. De nos jours, en effet, même s'il est menacé par les activités de l'homme, on rencontre l'ours blanc dans toute la zone arctique. Selon toute vraisemblance, les ours blancs, qui opèrent parfois des déplacements saisonniers de plus de mille kilomètres, ont pu fréquenter les régions glacées du nord de l'Europe, au moins ponctuellement, pendant la période d'occupation de ce même continent par les hommes de Neandertal.

À cette époque, les hommes ne vivent pas dans l'Arctique. La colonisation de cette partie du monde ne se réalisera que vingt mille ans plus tard, lorsque les hommes de Neandertal auront, semble-t-il, disparu. Mais cela ne signifie nullement que quelques incursions ponctuelles de chasseurs intrépides n'ont pu être opérées en direction de ces régions inhospitalières. Curieux et aventureux, remarquables tailleurs de pierre, les hommes de Neandertal ont connu des périodes de froid intense auxquelles ils ont su s'adapter.

Dans le cadre de mon roman, j'ai situé approximativement le territoire de chasse d'une petite population néandertalienne au nord-est de l'Europe centrale, à l'orée de la grande plaine orientale. Une distance de quelques centaines de kilomètres tout au plus le sépare des franges de la calotte glaciaire scandinave. Ao, notre héros, appartient à cette petite communauté. Repoussée vers le nord de la toundra, cette poignée d'individus tente, sans succès, de s'acclimater à la rudesse du climat. Malgré ses formidables capacités d'adaptation, l'homme n'est pas encore apte à se maintenir durablement sous ces latitudes.

L'habitat de l'ours blanc se limite généralement à la banquise mais, poussé par la faim, il lui arrive de s'en écarter pour chercher sa subsistance à l'intérieur des terres et il est tout à fait capable de tuer, à l'occasion, un renne ou un bœuf musqué.

Même si cette attitude reste exceptionnelle de part et d'autre, la rencontre improbable imaginée dans le cadre de ce roman, événement singulier résultant d'une coïncidence entre des circonstances particulières, aurait pu se produire. Pour les autres protagonistes du récit, elle revêt un caractère fabuleux, car les ours blancs n'existent pas dans le monde réel, personne ne s'est aventuré aussi loin et la banquise ne fait pas partie de leur univers.

Et c'est aussi parce que nul n'a jamais vu d'ours de la couleur de cette peau dont il est affublé, que naîtra le mythe d'Ao « l'homme ours », mythe de référence de « L'Odyssée du dernier Neandertal », dont le roman *Ao, l'homme ancien* constitue le premier volet.

M.K.

La femme de Cro-Magnon

Les enfants de la Terre

T. 1 - Le clan de l'ours des cavernes

Jean M. Auel

À l'âge de cinq ans, Ayla est recueillie par une tribu qui reconnaît en elle la représentante d'une espèce plus évoluée : Cro-Magnon ; elle va vivre parmi les hommes de Neandertal. Moins velue, plus élancée, Ayla dépasse rapidement les autres membres du clan, qui songent alors à l'exterminer.
Violée par l'un d'entre eux, elle donne le jour à un fils dont l'apparence physique annonce d'ores et déjà l'inéluctable évolution de l'espèce…

(Pocket n° 3260)

Jalousie primitive

Les enfants de la Terre

T. 3 - Les chasseurs de mammouths

Jean M. Auel

Suivant son compagnon, Ayla se rallie aux Mamutoï, la tribu de chasseurs de mammouths. Mais lorsque Ranec, l'enfant noir adopté par la tribu, l'artiste insubordonné aux mœurs du clan, entreprend de séduire Ayla, celle-ci succombe à son charme. Dévoré par la jalousie, Jondalar cherche à réprimer un sentiment si méprisable, mais finit par sombrer dans le désespoir. Quant à Ayla, elle hésite encore…

(Pocket n° 3267)

Dans la même série :

T. 4 : 1re partie - ***Le grand voyage***
(Pocket n° 3258)
T. 4 : 2e partie - ***Le retour d'Ayla***
(Pocket n° 3259)
T. 5 : 1re et 2e parties - ***Les refuges de pierre***
(Pocket n° 11797 et 11844)

Composé par Nord Compo
à Villeneuve-d'Ascq (Nord)

Imprimé en Espagne par
Litografia Rosés
à Gava
en août 2010

POCKET – 12, avenue d'Italie – 75627 Paris cedex 13

Dépôt légal : septembre 2010
S19701/01